日本のインテリジェンス工作

陸軍中野学校
731部隊
小野寺信

Intelligence

山本武利
Yamamoto Taketoshi

新曜社

本書を読まれる前に

ホワイトハウスの近くに国際スパイ博物館なるものがある。そこには世界のスパイ事件やそれにかかわる事物が多数展示されている。そのなかで日本のものとして派手に出ているのは黒装束の忍者だけである。ゾルゲ事件はない。忍者は英語にもなって世界で通用している。本能寺の変の直後、明智光秀の追っ手から徳川家康の危機を救ったのは伊賀に棲む忍者と言われる。それ以降徳川幕府は忍者を重用した。徳川初期から忍者や御庭番を秘かに各藩に浸透させて、反幕府の動きを探っていたといわれる。忍者はインテリジェンス活動に必要とされる特技を身につけていた。しかし忍者の活動範囲は日本のわずかの地域であった。徳川体制が安定化するに比例して、彼らの仕事はなくなっていった。

日本は鎌倉時代の元（蒙古）の九州侵略（元寇）に見られたように、荒海や台風という自然が敵国の侵入を阻止する障壁となってきた。したがって陸続きの外国からの侵入の危険度は低く、敵の来襲に備える準備は手びかえられた。したがってインテリジェンスへの関心も低く、その経験も浅い。国際的にみても鎖国体制は安定していたので、対外インテリジェンスへの関心は幕府の為政者でも薄かった。

ようやく幕末になって海外からの開国の要求とそれによる鎖国崩壊が、いやが上にも日本人の意識を変革させた。日本人の国防意識を強め、対外インテリジェンスへの関心を高める契機となった。実際、開国後は海外列強とくに近隣の中国、ロシアの動向に神経をとがらせた。陸軍将校だった荒尾精《せい》が参謀本部や岸田吟香（日薬楽善堂）の支援で中国の軍事施設や地形などの兵要地誌を探る拠点を上海や漢口で築き、多数の工作員を中国全土に放った。福島安正が単騎横断を行ないながらシベリアを探査した。日露戦争ではロシア公使館武官だった明石元二郎《あかしもとじろう》がレーニンら反政府分子への工作に辣腕を発揮し、ロシア軍のモラールを低下させる功績を遺したといわれる。将校を退役した石光真清《いしみつまきよ》がハルビンで写真館を開き、諜報活動を参謀本部の支援で細々と行なった。しかし荒尾でも石光でも生存時には軍中枢の評価は低く、失意のうちにこの世を去った。維新後四〇年間に起きた日清・日露戦争での僥倖が大正、昭和戦前期の安逸な大国意識を浸透させた。対外インテリジェンスが組織的に展開されることはなかった。

それでも受け身のインテリジェンス工作から積極的なものへの転換がようやく現われた。第一次大戦直後のシベリア出兵で、個人的なインテリジェンスから組織的な工作へと軍が取り組むようになった。一九一九年にハルビン、チタ、ウラジオストックで特務機関が誕生した。しかしそれらに配られる予算や人員は微々たるものであった。まもなくシベリア撤退がなされた後は、それらの機関はハルビン機関を除いて消滅した。

満洲事変やシナ事変が起こった昭和初期になると、軍のインテリジェンス工作が満洲、中国で活性化し始めた。ソ連や中国のインテリジェンス活動重視に対抗すべく、特務機関の設置が必要と認識された。拡大する前線での下級将校の死亡や、インテリジェンス専門将校の不足が目立った。そこで特別なインテリジェンス教育を施した情報将校を専門学校で養成するアイディアが参謀本部のソ連班を中心に生まれ、実施に移された。

こうして一九三八年に陸軍中野学校の前身が誕生した。当初は防諜研究所として陸軍省内部で秘かに制定されたこの学校は、後方勤務要員養成所として教育活動を開始し、後に所在地の地名をとって陸軍中野学校となった。

第一章で扱う創立期の陸軍中野学校は、大使館付の武官、武官補佐官を長期的に影でサポートする、いわば忍者か御庭番の養成を主目的としていた。ところが太平洋戦争をはさむ七年間でその機関は、二三〇〇名のインテリジェンス専門家、将兵を輩出し、前線に送り出した大きな組織へと変容した。それは参謀本部直轄となった一九四一年以降、特務機関の前線将校を輩出する機関に変容した。さらに敗戦色濃厚となった一九四四年に静岡県二俣に分校を設立し、離島や本土決戦を指導するゲリラ将校をわずか一年間で六〇〇人も養成した。

彼らは下士官から少佐まで下級オフィサーの一部を構成していたが、軍隊では目立つ戦績を出す間もなく敗戦となった。しかし二三〇〇名がなんらかのインテリジェンス体験をしたことはたしかである。有史以来これほど大量の日本人がインテリジェンスにかかわったこと自体が注目されることはなかった。しかも彼らの経験が戦後真剣に受け止められることはほとんどなく、評価されることもなかった。「中野は語らず」といって沈黙を保っていた卒業生は、小野田寛郎の「出現」、帰国を機に『陸軍中野学校』という大著を公刊した。この本は自らの歴史を客観的、実証的に記述した立派な歴史書である。本書抜きには中野は語れない。だが一〇〇〇部が卒業生の希望者のみに頒布されたため、現在にいたるまで、利用が限定されている。大映映画や小野田騒動以来、中野学校は「秘密戦学校」、「スパイ学校」として時おり話題にされ、関係書が散発的に公刊されてきたものの、それらは断片的秘話を組み合わせた興味本位の読み物風の記述に終始しているため、歴史的事項の客観的成果として継承されにくかった。なんといっても公文書が終戦後焼却されたことが、一山五〇〇円の安易な本を流通させてきた。『陸軍中野学校』も公文書不足の欠陥がある。

アメリカ軍は日本との交戦中も、もちろん終戦直後も、ＯＳＳ（戦略諜報局）やＭＩＳ（陸軍諜報部）などが日本のインテリジェンス工作の分析を行なった（第二章）。ここ二〇年間で公開されたアメリカ側資料によれば、彼らは資金力、組織力で独自に日本軍からの鹵獲文書や捕虜の訊問から特務機関や憲兵の役割の大きさを把握した。ダグラス・マッカーサー将軍指揮の西南太平洋連合軍の押収資料や捕虜尋問書などのリポートから継続的に作成したＡＴＩＳ（連合国軍通訳尋問部隊）のリポートやディキシー・ミッション（延安・米軍軍事視察団）の「延安リポート」は、今も歴史的な文献と評価されている。アメリカ軍はビルマ、中国の戦線では一部イギリス軍から情報を得ていたが、独自に中国戦線で暗躍する特務機関の調査もしていた。ただ上海を中心に精力的に調査したリポートで見るかぎり、その実態把握に至らなかった。特務機関の背後にいる参謀本部の組織や役割の分析も不十分であった。

東京に陸軍中野学校や大川塾が設立され、専門の諜報工作者の育成を図ったとの記述は、アメリカ軍の資料にはない。戦中はむろんのこと、終戦直後の文書でも陸軍中野学校の名前はほとんど登場しない。そこには、一〇〇名の卒業生しかいない大川塾が米英軍のインテリジェンス・リポートで中野学校を上回る記述がなされているという不均衡がある。その秘密は大川塾の卒業生がビルマ戦線で光機関の軍属になり、捕虜となった者十数名が尋問で無防備に自らの行動をしゃべったのに対し、秘密保持の特訓を受けた中野出身者は前身や軍歴を語らぬ姿勢を比較的保ったためであろう。つまり捕虜の多寡よりも、尋問時に出身を隠す姿勢の強かった中野出身者は目立たなくなったのである。

オーストラリア軍が一九四七年に出した膨大な文書の一部を第三章で翻訳した。本資料はマッカーサー軍の押収資料や捕虜尋問書などのリポートを中心にまとめているが、自軍のリポートやオランダ軍の資料も活用している点でユニークさがある。軍事的関心や地政学的視点からオーストラリアに近いジャワ、スマトラ、ニューギニアに詳しく、逆に満洲、中国の記述は少ない。海軍特務部、外務省、大使館、領事館、大東亜省の足跡も、オーストラリア軍のインテリジェンス活動から追跡された。とくに大使館付武官が各地のインテリジェンスの総元締であったことや、商社、僧侶、日本人クラブ、日本人居住者、移民、プレス特派員なども無視できない役割を担っていたことがわかる。

満洲ではハルビンの特務機関が中国人や白系ロシア人を使って謀略を行ない、中国では日中戦争後、特務機関の活動が目立った。とくに梅機関が南京傀儡政権樹立に暗躍した。広東、香港、マカオでの活動も特筆される。ビルマでは光機関が活躍した。その前身の藤原機関がマレー侵攻に貢献して以来、特務機関の南方地域での成果は大きい。スマトラ、ジャワでは各種機関と並んで軍事物資の収奪をねらった商社のインテリジェンス活動が無視できず、それは他の南方地域についてもいえる。とくに大南公司、昭和通商などの実相は今日でも明らかにされていない。ここで訳せなかった後半部分には参考とすべき記述が多い。

また南方では海軍特務部の比重が高まる。最後に日本軍の第五列（内通者）の育成・活用のノウハウがまとめられている。アメリカ軍の分析にも見られるが、アフガニスタンでの日本とドイツのインテリジェンス機関の連携への警戒が、オーストラリア軍の文書にも散見される。

日本陸軍は中野学校の秘密戦教育のねらいとして、諜報、防諜、宣伝、謀略を掲げていた。このようにプロパガンダ（宣伝）はインテリジェンス工作の重要な部門として認識されていた。日本本土では、新聞を中心に反政府的なメディアは指導、検閲さらには発行禁止処分によって権力に統制されてきた。「対立意識」から「不偏不党」へと、発行主体の姿勢転換が徐々に進んでいった。そして帝国主義的論調がメディア全体を支配し、それによるプロパガンダが国内に浸透するようになった頃、中国、満洲で発行される日本側メディアはその帝国主義の立場を軍とともに主張するようになる。

第四章では、主として満洲での日本イデオロギーが傀儡政府満洲国のメディア政策によって担われることを説明している。しかし宣撫工作（占領地の人心の誘導）の現状と理論を扱った満洲国発行の『宣撫月報』に見られるように、敵に勝つためには天皇制イデオロギーやナチズムよりも敵の理論を学ぶべきとして、アメリカの政治学や心理学などの「学知」をかなり積極的に紹介、翻訳する姿勢があった。この傾向は満洲から本土に移り始め、終戦に近づくとともに本土の研究者にもアメリカの科学的理論が秘かに浸透することになった。遠くない日本の敗北と戦後の再建へのソフトランディングの姿勢がメディアや論壇に起こり始めた。それを黙認するどころか当局も従来の路線を転換し始めたことは、次に一部引用する一九四四年七月三日付けの大本営政府連絡会議了解の「対支作戦ニ伴フ宣伝要領」（C12120225200、この記号はアジア歴史資料センターの文書番号。以下同様）から推測できる。

中共本拠ハ之ヲ延安政権（仮称）ト呼称シ、又之ニ属スル軍隊ニシテ、我カ討伐ヲ要スルモノハ、之ヲ匪賊呼称ヲ以テ取扱ヒ、且反共、剿共・滅共等ノ名称ノ使用ハ真ニ已ムヲ得サル場合ノ外之ヲ避クルモノトス。中共ノ名称モ成ルヘク之ヲ使用セサルモノトス

延安を拠点とする毛沢東の解放区打倒に血道をあげてきたこの十数年間、日本軍はプロパガンダでも機密文書でも「剿共」、「共匪」といった最高度にきつい言葉（第五章参照）を常用してきたが、これを機に、軍や政府のプロパガンダから除去するとの議決を最高会議でしたわけだ。その際、仮称ながらも毛沢東の政権を「延安政権」と呼び、彼の実効支配地域を容認するという大転換をした。もちろんこれは日本の敗北宣言ではなくて、重慶国民政府と中共の合作阻止のための戦術転換に過ぎないが、かつての強行路線から現実路線への転換であることはたしかである。「中共」を「中国」に日本政府が呼称変更したのは、一九七二年の国交回復以降であるから、この決定は時代を先取りしていた。戦後体制へのしたたかな転換の動きが二八年前日本政府や軍から出ていたわけである。

第五章は、中国とくに中支の戦闘地域のプロパガンダ、宣撫工作を対象としている。中支での戦闘を援護射撃するための自らのメディアの戦術・戦略を現地の陸軍報道部がかなりシステマテックに捉えて、推進していることがわかる。この章の図1には新聞、映画、放送、通信、写真、演劇とメディアが日本語（邦字）、華字（中国語）で発行されていることを示す。そして中支軍を中心に大本営陸海軍報道部、関東軍報道部、北支軍報道部、南支軍報道部が一体となってメディアを駆使したプロパンガンダ工作を華中で展開していることを誇らしげに示している。そして汪精衛政権の成立を合理化し、それが傀儡政権でないとのプロパガンダを発信し、大民会という宣撫機関を使って民衆に浸透させる工作を鮮明にしている。この有頂天、傲慢ともいえるプロパガンダ工作が南京事件の対応を誤らせたことになる。

第六章の論文は、中支よりも支配が強まった満洲での宣伝宣撫活動の具体的な動きを『宣撫月報』という満洲政府内部の専門誌を紹介しつつ解析したものである。この雑誌については第四章にも触れたが、満鉄の弘報活動の系譜上にある。満洲事変と満洲国の誕生で、満洲国はこの広大な地域と五族の協和のために満鉄の弘報戦略から学ぶ。満洲国総務庁は全国の統治を推進するために独自の編集方針で『宣撫月報』を非売品として刊行した。

創刊からプロパガンダと宣撫が同誌の売り物であった。満洲ではリテラシーの低い人々を対象に映画、ラジオなどを使ったプロパガンダ工作が盛んだったので、その関係者向けの記事が注目された。一九三九年八月の映画特集号は三六三ページ、同年九月号の放送特集号は四三四ページの大冊となった。一方、こうしたプロパガンダ特集号にも、各地で地味に展開される、宣撫工作員の活動報告が掲載されている。しかしプロパガンダと宣撫の記事の共存は五族協和推進を目的にするといっても無理があった。映画を上映する現場と匪賊が跋扈する治安不安地域とは受け手が異質と認識されるようになった。両者の誌上での共存も無理と判断され、一九四〇年三月からプロパガンダを扱う『宣撫月報』とは別に、宣撫を扱う『旬報』が創刊された。プロパガンダ専門となった『宣撫月報』では、本土のメディアに登場しないアメリカ生まれの近代政治学のプロパガンダ理論が大きく紹介され、後に連載物が本土で書物となるほどであった。また本土ではなかったラジオCMの研究も紹介され、その論客は一九五〇年に生まれた本土の民放ラジオの推進者となった。つまり表面的にはファシズムの論議が横行するなかで、敗戦後の日本復興の準備もしたたかに進んでいたことを、同誌の動きからうかがうことができる。

そのラジオCM収入をラジオ工作に活用したのが満洲電信電話株式会社であった。第七章は、宣伝・宣撫活動をラジオ利用で活用する実態を解明しようとしている。開局した一九三四年の奉天放送局は日本語、満洲語、朝鮮語、ロシア語で時間ごとに輪切りにした番組編成にしていた。週三回、各二〇分の英米人向けの英語放送があった。五族協和といっても、日本人の聴取者が満足しない。しだいに日本人とくに移民の要望が最優先された。新京放送局では第一放送を日本語のみとし、日本からの生中継も企てた。新設の第二放送を満洲語などに振り分けた。こうした動きが地方放送局でも広がった。

放送番組はきびしく事前検閲されたが、契約数は増加の一途をたどった。ラジオ受信機の買えない人々には共同受信施設が設置された。有線放送の農村への普及も図られた。ラジオを通じて五族協和の機運が高まり、政府への求心力が強まることを満洲政府は切望した。ところが受信機を通じて敵の重慶やモスクワの声も届くことになった。つまりラジオ利用の工作には権力側にとって両刃性があった。しかし全体的にはラジオは宣撫に役立つプロパガンダ・メディアとして当局は認知し、その普及活動をやめなかった。

対ソ（対ロ）インテリジェンス工作は日本がもっとも重視した歴史の長いものである。満洲の関東軍の工作は必勝のために慎重に組み立てたシステマテックなものであったが、ノモンハン事件からソ連侵攻の敗戦時まで、いつも肝心なときにソ連にコテンパンにやられた無残な歴史である。関東軍のインテリジェンス活動の弱点を知悉した731部隊の石井四郎は、生物兵器によるソ連威嚇を行なった。その工作には独自のインテリジェンスの見識があった（第八章）。石井は秘密兵器製造に寒天が不可欠であることを陸軍中野学校の講義などで公言していたが、その他の製法の秘密は守っていた。彼は秘密の守り方、とくにその製法のソ連への流出に細心の注意を払った。また人体実験にソ連人や中国人を使うことへの国際的批判を警戒していた。そのため他の部門の将校に比してインテリジェンス感覚は研ぎ澄まされていた。彼が作ったと思われる対ソ・インテリジェンス・チャートは実に正鵠である。大悪人ともいえる彼はしたたかなインテリジェンス工作者、分析者であった。彼の部下の軍医将校もなかなかの兵要地誌を残している。

日本の対ソ・インテリジェンス工作は満洲や中国からだけでなく、東方からもなされていた。北欧のスウェーデンや、フィンランド、ポーランドからもなされていた。その中心的武官であった小野寺信大佐のGHQ（OSS）証言を紹介したのが、第九章である。小野寺は自らが使ったポーランド人、エストニア人などの多数の工作員の国籍、名前、サブソース、情報の種類、対象国などの情報を克明にアメリカ側にしゃべっている。その記録がノートによるのか、記憶によるのか分からないが、彼は石井四郎と似て膨大な供述の代わりに戦犯の免責を得たと推測される。彼の日本本国への通信はアメリカ側に解読されていて、その通信文自体がおどろくべき内容と認識されていた。ところが彼の通信が本国の参謀本部ではボツにされていたかどうかは、アメリカ側は確認できなかった。ともかく小野寺は、対ソ・インテリジェンス活動を展開したパワフルな工作員であった。地域的にも同じ東方から、明治期の明石大佐の伝統と手法を受け継いでいることはたしかである。

総力戦といわれたアジア太平洋戦争では、前線の戦士、捕虜として、あるいは銃後の出征者家族、被災者として、あらゆる階層がなんらかのインテリジェンス的経験をした。それに最も直面し、生死をかけて戦ったのは陸軍中野学校出身の将兵であった。あらゆる陸軍の戦域の特務機関員として、あるいは宣撫工作員として敵に直面し、インテリジェンス的視点から行動した。また陸軍報道部のスペシャリストを中心に各種メディアを駆使した世論工作をプロパガンダの側面から主として中国、満洲で行なった。さらに軍医将校が冷酷なインテリジェンス工作をソ連向けに展開した。同じく対ソ工作においては、大使館駐在武官が濃密な人脈を築きながら、アメリカ諜報機関も注目する足跡を残した。

本書で触れ得たのは、実際になされた工作のいくつかの側面にすぎないが、それらの足跡の総合的な解明は今後の課題である。占領軍は新憲法を制定し、独自の武力の所有を禁止した。それに代わる日米安保体制とアメリカへの国防依存は、アメリカに守られた平和国家を七〇年間も存続させた。その結果、日本人は国の安全での基本要因である防諜、諜報、宣伝さらには謀略といったインテリジェンス面での国民意識を、鎖国時代のレベルに退化させた。

国際社会とくに極東での緊張感の高まりは、特定秘密保護法や国家安全保障会議、安保関連法を生み、国民のインテリジェンスへの関心を高めている。もともと日本は海洋で孤立した国家という地政学的位置にあり、日本人は国際的なインテリジェンスへの関心が低く、その経験も浅いといわれる。総力戦といわれたアジア太平洋戦争では、世界の広い地域の前線に戦士を送り、多数の戦死者、捕虜を出した。銃後の国土では数百万の出征者家族、被災者を生み出し、あげくには有史以来、初めて敗北し、他国に占領されるという憂き目を見た。日本ならびに日本人は帝国主義国家として広大な他国を占領した喜びもつかの間、敗戦国としての消し難い大きな屈辱を味わった。

われわれは一、二世代前の人たちの経験を冷徹に検証、評価しながら、自らのインテリジェンス・リテラシーを高め、あるべき日本のインテリジェンスの方向を見定めたいと思う。

日本のインテリジェンス工作——目次

Ⅲ　対ソ

装幀――難波園子

I

総論

第一章　陸軍中野学校創立期の工作目標

陸軍中野学校に関する公文書はすべて戦後すぐに焼却されたといわれている。同校に一九三九年末に入学し、約一年間過ごした山本嘉彦（乙1短、図1参照）の『追憶』（一九七六年、自家版）は在学体験や前線での体験を客観的に把握した回想記として評価が高い。そのなかにこんな記述がある（一三三頁）。

中野学校に関する本が戦後数多く出版されている。その一部を拾ってみると次のようなものがある。

中野学校の謎〔正確には「日本スパイの殿堂中野学校の謎」『丸』一九六〇年七月号〕　川俣雄人著（中野学校校長、四十九年七月歿）

南謀略機関〔正確には『その名は南謀略機関』〕　泉谷達郎著（乙1短）

謀略太平洋戦争　日下部一郎著（1期）

日本の秘密戦　読売新聞編集部著

中野学校　丸山静雄（新聞記者）
陸軍中野学校　畠山清行（シリーズ物として一巻〜五巻）
これらの本は商業ベースに乗せるため、読者にアッピールするように面白く書かれていて、半分は真実であるが、半分は誇大されていたり、真実でないものがある。

戦後二九年たってフィリピンから帰還した小野田寛郎《ひろお》（俣1）が卒業生だったこともあり、戦後幾度か陸軍中野学校ブームが起こった。本や映画で語られるその姿は、信頼に足る資料が少ないこともあって、「スパイ学校」としての側面が、山本のいうように虚実交えて面白おかしく語られている。

だが、防衛省防衛研究所には、陸軍中野学校の創設プロセスを示す公文書がひそかに残されていた。一九三九年に、陸軍中野学校の前身にあたる陸軍後方勤務要員養成所所長の秋草俊陸軍大佐が板垣征四郎陸軍大臣に宛てた極秘の公文書などを含め数十点が、国立公文書館アジア歴史資料センターに引き継がれていた。そこには設立経過、教育計画、授業科目、満蒙演習旅行の記録、第一期生の卒業者名簿、教官名簿、卒業生の状況といったことが細かに記されていた。

中野二誠会という組織がある。陸軍中野学校卒業生の二世の会である。中野学校は「誠」をモットーとしていたので、それに二世をひっかけた会名だ。今もご存命の中野出身者は若くても九十歳前後と高齢化が進んでいる。最も著名であった小野田も、二〇一四年一月に九十一歳で亡くなった。現在の二誠会員は一七〇名ほどであるが、息子、娘たちも頭に白髪が目立つ年齢である。

図1　年度別学生一覧表

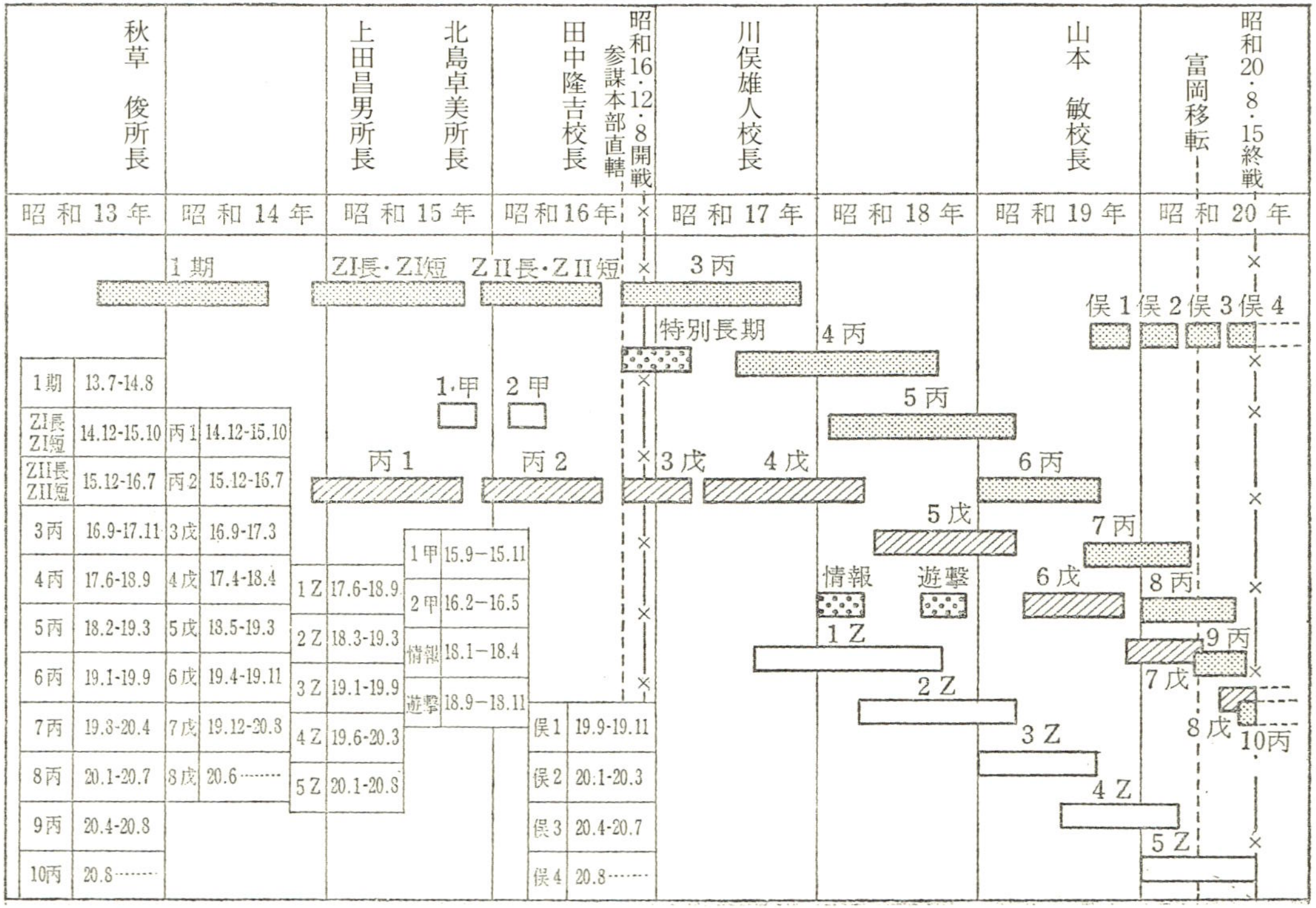

中野校友会編『陸軍中野学校』（人名のみ一部修正）

私が二誠会会長の太郎良《たろうら》譲二氏に面会をもとめたのは二〇一一年末である。彼が中野校友会編刊『陸軍中野学校』（一九七八年、以下「校史」）の奥付に代表者として印刷された太郎良定夫の長男であることをすぐに確認した。唯一の信頼できる資料と言ってもいいその本は、今では古書店で三十万円ほどの値段で売買されている。それだけ陸軍中野学校の信頼できる公的資料は少ない。

太郎良譲二氏に確認したかったのは、私がアジア歴史資料センターから入手した資料コピーの価値である。「中野学校」、およびその前身の「陸軍後方勤務要員養成所」で検策した結果、多数の資料が見つかった。太郎良氏にそのコピーを渡すと、この方面に通暁している氏は凝視していた。そして「中野の公文書は全て焼却されているはずなのに」とつぶやきながら、一期生の実名、出身校の一覧や満豪演習の詳細な記録が出ている資料群からしばらく手を離さなかった。それのコピーを彼は一期生などに確認、評価のために送ってくれた。その返事には「昔を思い出し感無量」とあり、「校史」にない多くのものは「貴重なもの」と記されていた。

太郎良氏が父親から聞いていたのは、中野学校は所蔵するすべての文書を焼却していたので、「校史」は個人で秘蔵した断片的な公文書、記録、日記、手紙など文字資料と多数の記憶で編纂されたということだ。「校史」にまったく記載のない「防諜研究所」の存在にも頭をかしげていた。それから四カ月ほど他の中野関係著作や論文を点検して、これらの公文書を使ったものが見当たらないことが確認できたので、早稲田の研究会で二〇一二年に資料の概要を発表した。ニュースとして時事通信に配信されたが、それから五年たってようやく本稿をまとめることができた。それら新資料をもとに、陸軍中野学校創立期の姿を紹介する。

岩畔豪雄・秋草俊合作の中野学校

陸軍中野学校はゾルゲ（一八九五～一九四四）の日本での活動期間（一九三三～一九四一）に相応する時代に創設準備が始まった。

ゾルゲを逮捕したのは、陸軍憲兵隊ではなく、警視庁特高であったが、憲兵隊にしろ、特高にしろ、防諜に関連する機関は、東京の空中に飛びかう正体不明の無線にいらだっていた。ゾルゲの手下がモスクワに送る暗号電信もそのなかにあった。

陸軍では一九三六年に兵務局を新設し、新宿区戸山に防諜対策の秘密の施設をつくった。そこは小高い山にあったので、通称「山」といわれた。

「山」では在日各国大使館の郵便検閲、電信傍受、無線傍受方法の開発・実行や陸軍中野学校の開設準備がなされていた。隣接する陸軍施設で石井四郎大佐の関東軍防疫給水部（731部隊）も胎動していたが、それも「山」と無関係ではなかった。

目星がついた機関から順次「山」を降りていった。秘密兵器開発基地の陸軍登戸研究所は一九三七（昭和一二）年十一月、「陸軍科学研究所登戸実験場」として開設された。

陸軍中野学校は翌一九三八年四月に「防諜研究所」として呱々の声をあげた。その設立母体は登戸研究所と同じ陸軍省、陸軍参謀本部であった。秘密戦、スパイ戦のノウハウを軍人に習得させるために中野学校が生まれ、登戸研究所は中野学校の要請する秘密戦のツールを開発することを目的とするようになった。

「校史」によれば一九三七年、阿南惟幾《あなみこれちか》兵務局長が、秋草俊中佐（一八九四～一九四九）、福本亀治少佐、曽田峯一憲兵大尉に秘密裡に信書検閲、電話盗聴、無線傍受を命じた。田中新一軍事課長が、岩畔豪雄《いわくろひでお》（一八九七～一九七〇）、秋草、福本に積極的防諜の姿勢から諜報、宣伝、謀略の秘密戦研究を命じる。

秋草はソ連、満洲でインテリジェンス工作を行なって実績を挙げた陸軍屈指の中堅将校として括目され始めていた。彼は少人数のセミナー形式で天皇制も自由に論じさせ、公私に学生に身近に接した最初の所長であった。一九三九年三月六日の軍内稟議書（C04121103600）の欄外でこの学校は、〝秋草機関〟と上司が走り書きするくらいであった。

岩畔は筆者入手の中野関係の公文書には登場しないが、陸軍中枢に発言力があった陸軍大学出の若手実力者であった。一九三八年には陸軍省軍事課長、大佐となった。戦術戦略の石原莞爾に相当する異能のインテリジェンス将校で、科学的、巨視的な視野でさまざまな工作を企画、実践した。その一環として中野学校の創設を図り、秘かにインテリジェンス部門の手下として香川義雄大尉を配して中野学校の設立準備に当たらせた。後に岩畔は陸軍を代表する形で、ワシントンで最後の日米交渉にあたり日米戦回避に努めたが、開戦後はインパール作戦にいたる南方作戦で岩畔機関を作り、インド独立工作の中心的役割を果たした。

この岩畔・秋草コンビで中野学校は創設され、運営され始めたといってよい。

防諜研究所としてスタート

「防諜研究所」という名前は「校史」には出てこない。今回見つけた公文書の核心部分である「後方勤務要員養成所乙種長期第一期学生教育終了ノ件報告」という秋草文書（C01004653900）の冒頭に、昭和一四年〔実際は一三年〕四月十一日に「防諜研究所」新設とある。また後に校長を務めた上田昌雄文書（C04122321400）には「当養成所ハ昭和十三年三月防諜研究所トシテ陸軍省兵務局内ニ新設」と記されている。いずれも後方勤務要員養成所長が時の陸軍大臣に出した公文書である。一九三八年三月か四月に「防諜研究所」が誕生したことはたしかである。筆者が二〇一二年に調べたところでは、「防諜研究所」の記載のある文献は秦郁彦編『日本陸海軍総合事典（第二版）』（七六一頁）のみであった。

ところが先の上田文書では、中野への校舎移転直後の「昭和十四年五月十一日軍令陸乙第十三号並「大臣決裁」」に基づき、「「防諜研究所」を廃止し、「後方勤務要員養成所」を新設したとある。それまでの公文書では「後方勤務養成」としか表現されなかったところに「所」という一文字が追加されだした。当時の各種公文書を時系列で点検すると、この「大臣決裁」の出た即日から「後方勤務要員養成所」という文字が新登場する。同時に「防諜研究所」はぷっつりと消え「後方勤務要員養成所」のみが使われるようなった。

この名称の動きを見ると、陸軍省や参謀本部は大きな官僚機構のなかで統御されていたことが分かる。ところが「後方勤務要員養成所」という名称使用も一年三カ月しか続かなかった。冒頭の秋草文書によると、学校設立の応急的施設として、九段下の愛国婦人会本部付属の建物一棟を借り受けた。一九三八年七月十七日、第一期学生一九名が入所したが、狭すぎた。一年後、中野電信所の旧兵舎に仮移転した。校舎が新築された一九四〇年八月に、「後方勤務要員養成所」が「陸軍中野学校」という名称となった。

この短期間での二度の名称変更は、この学校の秘密性を守ろうとする陸軍の姿勢の表われであった。「防諜研究所」という名称を陸軍省兵務局内で使いだしたが、秘密機関としての印象を内外に広める懸念があると上層部では考えた。防諜だけを教育する学校ではない。諜報、宣伝、謀略、植民地統治（宣撫工作）を幅広く教える学校の名前としても不適切である。そこで「後方勤務要員養成所」として部局内外で使いだしたが、その名前でも敵後方工作といった秘密活動との連想が強い。地名ないし駅名をつけた平凡な固有名詞の「陸軍中野学校」ならば、秘密性を世間や外国からカモフラージュし、秘密戦教育機関と注視されることはなかろうとの判断に落ち着いたようである。

徹底した秘密主義

特別選考のための事務員、試験官などの国内各校、満洲への派遣費はばかにならなかった。学生に軍服を脱がせ、背広を支給する必要もあった。いかにも軍人という工作人はスパイ失格だから、一般人として自然な背広姿でなければならない。一九四〇年度には背広、外套各二〇〇着や夏服一五〇着などを用意した。学内で居住させることによる営内施設の拡充、食費、短期に多くの学科を習得させるための夜間勉強部屋の光熱費や夜食代も要った。各種の特別費用の増額要求の文書も多く残っている。秘密戦研究資料の整備・収集のための費用の請求書も見られる。特殊技術嘱託職員の長期確保、特殊防諜施設の新設、多忙な学外講師を聴講するための場所代やそこへの学生交通費などもあった。

そうした資料をみると、この学校が秘密学校であると同時に、巨大な陸軍組織下の官制学校であったことがわかる。しかし陸軍は、創立から終戦による廃校まで学校の存在を隠そうとした。以下は中野学校の後期に教務主任だった鈴木勇雄中佐の記録の概要である（「陸軍中野学校　其の二」防衛研究所資料）。

1、本校の存在、校名、経費等は、法規上の処置で部内も関係者以外へは知らせなかった。学校の表札は「陸軍通信研究所」であり、部内では軍事調査部または東部三三部隊を使用した。
2、本校職員、学生は参謀本部附で、中野学校名は使用しない。
3、学生は一部を除いて校内起居で、軍服は特別の場合以外使用しない。
4、職員学生の面会・手紙・連絡等は直接学校宛にすることは禁止せられ、すべて参謀本部内軍事調査部宛とした。
5、兼任教官は来校の際は軍服以外を着用して出入した。御用商人等の出入も同様。
6、「バッチ」は職員学生の識別のため用いたが、校外では使わなかった。

戦後公安調査庁の幹部となった中野学校卒業生の牟田照雄はこう回顧する。

学校本部玄関の表札は「陸軍通信研究所」であり、「中野学校学生」であることを外部の人に口外することは許されなかった。隣に中野陸軍憲兵学校があったが、同校卒業の元憲兵達でさえ、隣の建物が陸軍の諜報員養成機関とは気づかなかった。私が役所の人事異動で福岡に転勤したとき、出迎えた二人の憲兵学校出身の課長補佐に、「先輩よく来られましたね」と挨拶されたのには驚いた。不思議に思って聞くと、二人とも中野憲兵学校出身の元憲兵下士官で、戦後巷間で話題にのぼる「中野学校」とは自分の事を指すと思いこんでいたという。(「陸軍中野学校の考察」『Intelligence』第一五号、二〇一五年)

中野憲兵学校出身者の各種回想から隣の学校の正体を知っていたとする記述は見当たらない。建物が隣り合わせで、しかも陸軍の監視を主務とする憲兵隊の幹部学校の多数の在学生、卒業生の眼をくらませたのは魔訶不思議である。

選考過程でも秘密保持

軍の選考の着眼点がユニークで優れていた。

ほんとうの専門家を作る必要がある。それがためには、士官学校を出たのではどっちかというと狭いですから、むしろ特別志願と言いますか、普通の中学から大学を出たのがおるでしょう。これが非常にキャリアの幅が広いですからね。こういう中から選ぼうということにして、

それで最初二〇人、それを選ぼうということになったわけです。（岩畔豪雄『昭和陸軍謀略秘史』二三六～二三七頁）

岩畔によれば六〇〇人が応募したという。二〇倍の競争率だ。先の秋草文書では一期卒業生一九名は大卒三名、専門学校卒一二名、中卒四名という構成である（一人退校）。

一九四〇年に実施された二期以降の選考事情は別の秋草文書（C01004847500）に詳しく出ている。まず乙種（将校候補者）の第一次選考は同年二月十日に陸軍省兵務局長から各校（隊）長、所管長あてに候補者選考依頼を発送。全国と満洲の各校に本部から職員を順次派遣し、選考打合せ。各校から到着した推薦候補者書類を集計すると、第一種（乙種長期学生）候補者一九八名、第二種（丙種学生）候補者一八六名、計三八四名であった。本部の書類選考で第一種一四一名、第二種一五六名、計二九七名に絞る。

第二次選考は三月十一日～四月五日、東京、豊橋、久留米、熊本、千葉、仙台、盛岡の各試験場へ七名の詮衡委員（陸軍省二名、参謀本部三名、後方勤務要員養成所二名）を派遣、口頭試問で一種四一名、二種一〇〇名の採用予定者を決定し、憲兵司令部で身元調査実施。

在満の学校生への選考は四月十一日から一週間実施。職員二名派遣、関東軍で口頭試験、身元調査を行なった。第三次選考では内地選考候補者との比較をして、最終決定した。

岩畔は香川義雄大尉に「何のことか分からぬが何か大切なことがあるらしい」という軍機（軍事機密）すれすれの趣旨の中野学校説明の起案を命じた（前掲『昭和陸軍謀略秘史』二三二頁）。香川は岩畔らにさんざん直された文書を持って受験生のいる各予備士官学校をまわり、説明を行なったが、各校の校長などから「後方勤務要員」とは何か、「それによって選考も方針もちがってくる」とまともに問い詰められても、許された範囲の苦しい説明をするしかなかった（岩井忠熊『陸軍・秘密情報機関の男』新日本出版社、参照）。秘密戦士の教育内容や卒業後の任務を説明するのには、各校、各部隊の担当者の側もさらに軍機上の配慮を重ねさせられた。

最初の丙種（下士官候補）学生募集は一九四〇年後半に実施されたが、受験生への事情聴取を行なった際、とくに問題になった学校の対応ぶりを中野学校側が総括している（C01004852100）。受験生も多く、優秀な学生が厳選され、まずまずの成功といえたが、秋草ら幹部から見ると秘密性維持に心配な点が残った。兵務局長より発送した秘密書類をそのまま複写して校内に頒布した学校があったこと、「中隊候補生全員ヲ集合セシメテ希望ノ有無」を聞いたこと、志望の有無を生徒の家庭や入隊前の縁故者に連絡照会するなどのケースが問題とされた。

中野側が学生に聴取すると、熊本陸軍教導学校では、「特務機関勤務ヲ希望スル旨ヲ兄ニ相談セルモノアリ」、「中隊長カ候補者全員ヲ集メ、特種要員ノ何物タルカヲ説明シ、後一人一人希望ヲ取レルハ適当ナラス」というケースがあった。卒業後の配属先を尋ねた学生に対し、仙台陸軍教導学校、陸軍騎兵学校、陸軍獣医学校でも特務機関勤務の可能性を明示していた。仙台の説明では、大陸の特務機関への派遣、そこでの政治工作とか宣撫活動を詳しく説明しすぎる点が「防諜上適当ナラス」とされた。

また各校において、任意の志願制（入学前なら自主的に辞退可能）であることに気づかず、受験を強制する姿勢があった点も秋草らをいらだたせた。

何を学んだのか――カリキュラム

冒頭の秋草文書によれば、教育期間を前期七カ月、後期六カ月に分け、前期は「主トシテ防諜、諜報、宣伝、謀略ノ業務上必要ナル人格ノ鍛錬及右ニ応スル基礎的学術科ノ修得」にあてた。ここでは秘密事項の少ない基礎学科に重点をおいているという。ところが後期は「前期教育ニ於ケル基礎学ト連携シ右諸業務ノ核心タルヘキ諸課目及実務ニ対スル応用的研究」つまり軍事学、剣術、防諜補助手段、服務などを教えようとした。年間を通じれば、情報勤務六二時間四〇分、謀略勤務五四時間三〇分、宣伝勤務三八時間四〇分、防諜勤務三一時間二〇分と、この学校の基幹科目に多くの時間が割かれている。しかし創立期では実務演習は場所の確保が難しかったため、「講堂」(室内)での講義に傾斜したことを秋草自身が反省している。

語学は重視されていた。英語二四九時間二〇分、ロシア語二二四時間一〇分、中国語一九〇時間五〇分となっている。まずは必要度に応じた順当な配分である。ところが「外国事情及兵要地誌」では中国三六時間、ロシア三三時間二〇分であるのに対し、英国一二時間一〇分、米国七時間四〇分である。この一九三八年時点では、前線が緊張している対中ソのインテリジェンスが重視され、英米がきわめて軽視されていたことが配分時間数で如実に示されている。

一期生の修了報告には、語学教育は一層強化徹底を期する要ありとして「蘇、支、独、仏」だけでなく、スペイン語、トルコ語、「南洋語」の増設の検討がなされていた。

昭和十三年度第一次学生前期教育予定実施表　昭一四・一

科別	種別	課目	教官	教育回数 予定	教育回数 実施	教育時間 予定	教育時間 実施	摘要
学科	軍事学	戦争学	高島中佐	八	八	一〇時・二〇	一〇時・二〇	
学科	軍事学	戦争学	多田少佐	三	三	四・三〇	四・三〇	
学科	軍事学（外国事情及兵要地誌）	英国	松谷少佐	一一	一〇	一六・一〇	一二・二〇	
学科	軍事学（外国事情及兵要地誌）	米国	西中佐	九	七	一一・四〇	七・四〇	
学科	軍事学（外国事情及兵要地誌）	独国	西郷少佐	九	七	一二・〇〇	九・二〇	
学科	軍事学（外国事情及兵要地誌）	仏伊国	八里中佐	一〇	一〇	一三・二〇	一三・二〇	
学科	軍事学（外国事情及兵要地誌）	蘇国	甲谷少佐	一八	一六	二四・〇〇	二一・二〇	
学科	軍事学（外国事情及兵要地誌）	蘇国（兵要地誌）	齋藤中佐	一一	九	一四・三〇	一二・〇〇	後期ニ補講実施ス
学科	軍事学（外国事情及兵要地誌）	支那国	鈴木少佐	一四	一四	一八・四〇	一八・四〇	
学科	軍事学（外国事情及兵要地誌）	支那国（兵要地誌）	小尾少佐	一六	一三	二一・二〇	一七・二〇	
学科	軍事学（外国事情及兵要地誌）	南洋	村上中佐	三	〇	—	—	警備都合ニ依リ後期ニ繰入
学科	軍事学（外国事情及兵要地誌）	蒙古	矢野少佐	〇	一	—	一・三〇	
学科	軍事学	外国兵器	篠田大佐	一一	八	一五・三〇	一〇・〇〇	
学科	軍事学	外国兵器	銅金中佐	九	八	一二・二〇	九・三〇	
学科	軍事学	外国兵器	福田少佐	六	七	七・三〇	八・四〇	
学科	軍事学	外国築城	鎌田大佐	八	七	一〇・四〇	九・二〇	
学科	軍事学	外国築城	銅金中佐	二	二	二・四〇	二・四〇	
学科	政治学	国体学	内海教授	一三	一三	一七・二〇	一七・二〇	
学科	経済及社会学	経済謀略	高橋少佐	三〇	一七	四〇・〇〇	二一・〇〇	後期ニ継続実施ス
学科	経済及社会学	思想及宗教問題	福本中佐	二三	二一	二六・三〇	二五・四〇	
学科	外国語学	露語	大森少佐	一〇	九	一五・〇〇	一三・三〇	
学科	外国語学	露語	戸崎大尉	八三	七八	一一七・四〇	一一〇・二〇	後期ニ継続
学科	外国語学	英語	阿部教授	九三	九三	一三二・四〇	一五二・三〇	実施ス
学科	外国語学	支那語	武田教授	九三	八八	一三二・四〇	一一五・〇〇	
小計				四九三	四四九	六七四・五〇	六一三・五〇	
術科	武術	剣術	伊藤大尉	二六	二七	五二・五〇	四四・一〇	後期ニ継続
術科	武術	柔術	伊藤大尉	二〇	一五	二九・三〇	二四・五〇	実施ス
術科	実務	防諜補助手段	福本中佐	二八	一一	三六・四〇	一五・三〇	
術科	実務	諜報補助手段	伊藤大尉	二一	一六	三二・〇〇	二六・一〇	後期ニ継続実施ス
術科	実務	写真技術	福本中佐	一〇	一二	一八・二〇	一六・三〇	
小計				一一五	八一	一六九・二〇	一二七・一〇	
特別講座		服務	秋草中佐	二九	二六	三八・二〇	三三・二〇	
特別講座		気象学	能登中佐	〇	一	—	一・三〇	後期ニ実施
特別講座		交通学	鎌田大佐	八	八	一〇・四〇	一〇・四〇	
特別講座		航空学	鈴木大尉	一〇	七	一三・四〇	九・四〇	
特別講座		心理学	西沢教授	六	三	九・四〇	五・二〇	後期ニ補講実施ス
特別講座		統計学	松田統計官	八	八	一二・〇〇	一二・〇〇	
実習		自動車実習	自動車学校教官	二六	二六	一〇四・〇〇	一〇四・〇〇	
実習		通信実習	通信学校教官	二九	二九	一一六・〇〇	一一六・〇〇	
実習		現地実習	秋草中佐	十日	十日	—	—	時間ハ計上セズ
		忍術	藤田西湖	一	三	一・二〇	八・〇〇	

表1　カリキュラムの一部（第1期）（アジア歴史資料センター所蔵　C01004653900）

ほとんどの担当者が参謀本部、陸軍大学校などの兼任将校である。外部からのめぼしい科目では忍術があり、一九四〇年には用具一式を購入したとの記録が残っている（C01004864700）。甲賀流忍術第十四世を名乗る藤田西湖（一八九九～一九六六）は忍術を中野学校で翌年まで教えたと証言している（『最後の忍者──どろんろん』参照）。山田耕筰は作曲ではなく、フランス事情の特別講義を担当していた（伊藤貞利『中野学校の秘密戦』一五六頁）。

秋草や岩畔がカリキュラム作成の際、海外の先例から学ぼうとしたが、適当なものは見つからなかったようだ。そこで陸軍士官学校や陸軍大学校のそれを参照しつつも、秘密戦の専門学校の特色を独自に出そうとしたと思われる。

一九三八年の創立当初の中野学校は自由な学風であったという。

> 一期生教育の特色としては、一八名という少人数が、借家居住という所謂寺子屋式のなかで生活し、自由に討議し、研究もした。余暇には外出時間の制限もなく、学科教官はすべて参謀本部、陸軍省、陸軍大学からの兼任で、その当時の陸軍の中堅をなす俊秀揃いの教官たちが、自分の兄弟のように、また後輩のように自己のすべてをさらけだして教育をした。
>
> ある学科で論争が白熱したとき、教官は、俺は陸大の二年学生の心算でおまえ達に接している。この俺の真情が解らないかと激情し、自ら机を叩いて教鞭が折れたこともあった。その上に秋草、福本、伊藤というこの上もない上司を得て、中野教育の真髄は同志の切磋琢磨と共に育成されていったのである。特に秘密戦という特殊部面については、新しい分野なので教官と

共同研究、討議をするという形態の授業もあった。中野学校という類い稀な団結は、実にこの寺子屋式教育の中に生まれ、先輩から後輩へと伝承されていったのである。(「校史」三六頁)

たしかに同校の教室には天皇制批判の自由があったという卒業生が結構いる。が、一見自由主義とされるものも、生徒にブレーン・ストーミングさせるための一種の兵棋演習であったとみるのが妥当だろう。むしろ彼らは国体学履修や学内の楠公社参詣で天皇への「誠」の精神を養い、天皇崇拝へと洗脳化されていた。

テキストの扱いに見る講義の実相

一九三九年末入学の二期生平館勝治(乙1長)は、卒業後ビルマ工作を行ない、参謀本部第二部第八課四班を経て、終戦時には陸軍省軍事調査部にいた。平館は中野学校の講義テキストについて以下のような重要な証言をしている。

「謀略宣伝勤務指針」という軍事極秘の本がありました。第八課で私が保管担当していました。終戦の時、国土決戦の研究資料として私が借用していましたが、焼却するのが惜しくなり、そのまま保存しておりました。

謀報宣伝勤務指針に対し、戦時中、このような本があったことは大部分の中野学校関係者は知らなかったのではないかと思います。なぜなら門外不出の軍事極秘書類でしたから。第八課でも私が保管中新任の参謀に貸出した記憶がありません。（ただし、すでに陸大で勉強されていたかもしれません）確かに八課で指針を読まれたと思われる人は矢部中佐とその後任の浅田三郎中佐です。矢部中佐は中野学校で我々に謀略について講義されましたが、この指針の内容とよく似ていました。

特に、今でも記憶に残っていることは講義中「査覈」と黒板に書かれ、誰かこれが読めるかと尋ねられましたが、誰も読める者がおりませんでした。私は第八課に勤務するようになってからこの指針を読み、指針の中にこの文字を発見し、矢部中佐のネタはこれだったのかと気付きました。

浅田中佐は矢部中佐の後任者として、中野学校に講義に行ったらしいですが指針の原本（紛失）の欄外に浅田という名前が書いてありました。（長崎暢子ほか編『資料集 インド国民軍関係者証言』二八八〜二八九頁）

このテキストは一九二八年に参謀本部が翻訳したタイプ版の「謀略宣伝勤務指針」のことである。平館証言はこれを使った創立初期の陸軍中野学校の教育風景を示している。「査覈《さかく》」といった難しい文字を含むテキストを教師自身が十分に理解しないまま使って壇上で生徒を煙に巻いて得意がっている。当時の一般大学や論壇でのマルクス主義などの講義を彷彿とさせるものである。このような高踏的な講義が秘密戦学校でも創立期には許されていたことが分かる。

重視された満蒙・国内演習

秘密戦研究資料の整備・蒐集にはかなり多額の予算が計上されていた。一九四〇年の研究隊（教導隊）増設のための敷地接収要請など建物増設の要請書（C01004814400）も目立つ。そのなかで学生見学旅費、満支現地演習費関係の文書も散見される。

創業期の二年間は士官コース別の学生毎に一カ月の満蒙演習を行なった。その目的は現地の司令部、特務機関を訪問し、「既修諸課目ノ綜合的成果ヲ実習体得セシメ以テ卒業後ノ研究ニヨリ其ノ大成ヲ配慮」するとともに「卒業直後概ネ独立シテ諜報、謀略、宣伝、防諜業務ノ中継易ナル任務ヲ分担遂行」を目的としていた（秋草文書）。一九四〇年九月には一カ月間、乙1短の学生満蒙演習では六九名の卒業生が参加した。教務主任福本亀治中佐など三名が指導官であった。その他に雇員、嘱託が加わった総勢八〇名の大演習であった。牡丹江《ぼたんこう》、綏芬河《すいふんが》、横道河子、哈爾浜《ハルビン》、新京、天津、北京、張家口《ちょうがこう》をまわり、関東軍の特務機関で業務見学、現地演習を行なった（C01004855100）。哈爾浜の七日間では「哈市特務機関業務見学、地方機関トノ連絡業務研究、文書諜報ノ見学、科学諜報ノ見学、謀略要員養成所見学、防諜及宣伝業務、志士ノ碑参拝」と盛りだくさんであった（表2参照）。

この演習に参加した山本嘉彦は前掲『追憶』で学校側の意図を三人称で分析している。

> 東京を出発するに先立って、学生には新潟港の爆破作業の立案が命ぜられた。演習は新潟港から始まり、朝鮮の羅津に渡り、牡丹江、綏芬河、ハルピン、新京、奉天、大連と巡って、下

乙種長期學生滿蒙支實習演習豫定計畫

日次	月日	發着時刻	發着地	摘要
1	九月一日	二三三〇	上野發	
2	〃 二日	九二二 一五〇〇	新潟着 新潟(月山丸)發	港灣防諜
3	〃 三日			
4	〃 四日	六〇〇 一七五〇	羅新着 羅新發	
5	〃 五日	八一五	牡丹江着	牡丹江特務機關業務見學 諜報、防諜、謀略業務 現地實習
6	〃 六日			
7	〃 七日	九〇〇 一六〇〇	牡丹江發 綏芬河着	綏芬河特務機關業務見學 國境停車場ノ業務見學
8	〃 八日	一三四五 一九四〇	綏芬河發 東寧着	
9	〃 九日	一七一五 二六五〇	東寧發 綏芬河着	國境視察及國境警備要領ノ研究 東寧特務機關業務見學
10	〃 十日	七四〇 一八五一	綏芬河發 横道河子着	謀略要員ノ培養、訓練指導 [illegible]要領ノ研究
11	〃 十一日	二三一六	横道河子發	
12	〃 十二日	七二五	哈爾賓着	哈市特務機關業務見學 地方機關トノ連絡業務研究 文書諜報ノ見學 科學諜報ノ見學 謀略要員養成所見學 防諜及宣傳業務實習 志士ノ碑參拜
13	〃 十三日			
14	〃 十四日			
15	〃 十五日			
16	〃 十六日	九四五 一五一〇	哈爾賓發 新京着	
17	〃 十七日			關東軍ノ一般諜報、防諜謀略 業務見學 滿蒙ニ關スル研究
18	〃 十八日			
19	〃 十九日	一〇五〇 (急行)	新京發	
20	〃 二十日	一三二三	天津着	租界問題研究 北支ニ於ケル諜報、謀略研究
21	〃 二十一日	二〇二五 二三四〇	天津發 北京着	
22	〃 二十二日			占領地行政ノ研究 通州事件ト通州機關ノ研究 占領地ノ通信機關 放送、宣傳業務見學
23	〃 二十三日	二三三〇	北京發	

表2　満蒙演習日程表（アジア歴史資料センター所蔵　C01004855100）

関に帰着する経路であった。学生にはどんな場合でも集団行動がない。集合場所と集合時間の指定によって各自が隠密に自由行動を採っているから、自分の行動計画に合わせて上野駅を出発し、集合時間までに現地偵察を終えて答案を提出するのである。新潟港では乗船する船舶の爆破とシージャックの課題が待っていた。また羅津で下船する直前には、羅津（表2では羅新となっているが、羅津が正しい）停車場に対する見取り図の課題が与えられている。羅津から牡丹江まで約一昼夜に及ぶ列車内では、兵要地誌調査の課題が与えられて、学生は旅行気分に浸るどころか、次々に与えられる課題に追い回される旅行であった。

一般的な兵要調査ならば、軍隊が作戦行動するために必要な、地形、地物の状況調査でこと足りるが、さらに諜報、謀略的な観点から調査資料を収集しなければならなかった。例えば鉄道輸送のみに限定しても、線路容量の推定調査のほかに輸送妨害、鉄道爆破に関する調査が必要であり、民情調査では物資の集散状況のほかに、各民族の生活状態、不平不満の有無等の調査が必要であった。この課題を列車の窓から眺めながら調査するのであるから、些細なことも見落とすことが出来ない。学生にとっては緊張の連続した徹夜作業である。この演習は調査に取り組む心構えと、調査方法に対する訓練で、学生には将来クリエール（外交官としての伝書使）として常に遭遇する重要な課題であるにかかわらず、その重要性を認識することが出来ず、いい加減な調査でお茶を濁していた。山本は後年ソ連に旅行して、はじめてこの演習の重要性を噛みしめることが出来た。（二五八〜二五九頁）

1期生の同年七月の実習では、「ハルビンでは特務機関見学、秦彦三郎機関長の状況説明、質疑応答、ノモンハン事件の捕虜取調見学、憲兵隊の潜入諜者摘発演習見学、北海公園を舞台に白系ロシア人を混えその連絡法の実習、白系ロシア人経営のモデルンホテルに秘匿宿泊」がなされた（『校史』八二頁）。山本は前掲書で、「一期学生はここで謀略演習を実施している。国境線を突破しての大胆な演習であった。その演習は成功裡に終了したので問題はなかったが、もし不成功に終わったら国境紛争に発展する可能性があったという」（『追憶』二六〇頁）。卒業間近い学生にとって配置予定先での緊張感をはらんだ予行演習に他ならなかった。

一九四〇年には、国内では神奈川県演習、陸軍工兵学校演習、陸軍習志野学校演習、富士裾野演習への参加などがあった。一九四一年度では海外演習に一五万一千円、下士官コースの国内演習には二万五千円という、当時としてはかなり多額の予算を計上していた（C01004808500）。

「諜報謀略的人格ノ修練」とは

先の秋草文書では「諜報謀略的人格ノ修練」と題して、その卒業生に対し「軍人トシテノ人格」を固めるだけでなく、「諜報謀略ノ現地勤務特ニ独立勤務」に耐えられる人格を養成することを期待している。つまり同校で専属的に教育活動に従事した伊藤貞利に言わせれば、「中野教育の第一の主眼は交替しない外国の駐在武官」を養成することであった（前掲『中野学校の秘密戦』一五〇頁）。

陸軍大学を出たエリート将校は二、三年で各地の大使館、領事館を転任した。そうした武官や、武官補佐官を支える移動なき定住型武官を養成しようとしていたのだ。彼らに対しては、外地に土

図2　北京駅頭での卒業演習乙1長期学生（『別冊一億人の昭和史』1979年4月）

着し、骨を埋めることを期待していた。江戸時代の御庭番のように、敵地に偽装して潜入し、敵のインテリジェンスをスペシャリストとして入手する長期の極秘活動に耐えられる人物になることを期待したのだから、物欲、名誉欲を捨て、国家のために献身する秘密戦士としての人格を修練しなければならないとされていた。

秋草は陸軍内部あてのこの文書で、この学校の教育理念をこうまとめている。

イ　所謂真ノ意味ニ於ケル各人自ラノ道場的自己修練

ロ　公的ハ勿論、其ノ私生活ノ一挙手一投足ノ微ニ表ハルル心境ヲ捕捉シテ行フ学生ノ自己鍛錬ノ指導

ハ　将来ノ任務遂行ニ応スル如ク私生活ノ環境ノ整備乃至施設

ニ　「生キタル」自己修練ノ資料ノ供給

學歷	階級	氏名
專校卒（日本體育專門學校）	歩少尉	杉本美義
專校卒（日本武德會專門學校）	同	丸崎義男
專校卒（熊本高工採鑛冶金科）	同	山本政義
專校卒（山口高等商業學校）	同	牧澤義夫
中等校卒（鹿兒島中學校）	同	新穂智
大學卒（立正大學文學部）	同	阿部直義
專校卒（東京外國語學校英語科）	同	越巻勝治
專校卒（布哇英語學校、東洋外語學校）	同	渡部辰伊
中等校卒（會津中學校）一	同	猪俣甚彌
中等校卒（本庄中學校）	騎少尉	須賀通夫
專校卒（國學院高等師範部）	同	井崎喜代太
大學卒（慶應大學理材科）	同	宮川正之
專校卒（慶大高等部）	同	龜山六藏
專校卒（陸士中退、奉天中央訓練所）	砲少尉	眞井一郎
大學卒（九州帝大法文學部）	同	岡本道雄
專校卒（宮崎高等農林學校）	同	境勇
專校卒（日本大學專門部法科）	輜少尉	久保田一郎
中等校卒（神港商業學校）	同	扇貞雄

表3　第1期卒業者名簿（1939年7月31日）（アジア歴史資料センター所蔵　C01004653900）

秋草は自身のロシア、欧州、満洲などでの長期にわたる「隠密」工作の経験から、卒業生の厳しい工作員ライフを予想し、彼ら中野学校生には学内での講義、教練だけでなく、内外での演習で現場感覚と精神力を生徒個々人に鍛錬させることをねらっていた。創立時には、じっくりとインテリジェンスの教養と「謀報謀略的人格」を身に付けさせ、立派な「情報勤務者」を育成する意図を学校創設時に掲げていたのだ。

第1期卒業生の状況報告によれば、入所学生一九名中一名は「学業修習上不適任」のため退所し、腸チフス一名（在満部隊より帯患)、飲酒酩酊により規則を破った者一名がいたが、いずれも士気極めて旺盛で、就学上の施設が不完備にもかかわらず努力し成績良好として一八名が一九三九年七月三十一日、卒業した。入学前の最終学歴(表3)は、立正大学、慶應大学、九州帝大卒から中卒、英語学校卒、理系、文系と幅広い。

理系出身者は技術教育において、文系出身者は一般筆記作業においてそれぞれ特徴を現わしているが、「一般に文科系統出身者は本教育の内容並びに目的に鑑み理科的智識の不備を痛感しあり」とある。カリキュラムには、外国兵器、外国築城、気象学、航空学、細菌学、無線電信機取扱法、心理学、犯罪手口、自動車実習、通信実習、航空実習、爆破実習、法医学などもあったから、理系の方がスパイには向いているのかもしれない。

中卒者は専門学校以上の出身者に比べ、「過重の観ありたるも爾来不断の努力研鑽により概ね追随し得るに至れり。但し其成績は一名を除き良好ならず」とある。年齢的にも異なる同級生が机を並べていたのだ。

入所直後には三浦半島へ水泳演習を実施し、秋草自らが引率している。満洲への実習旅行と水泳演習は、万難を排して実施する必要ありと報告されている。

1期生扇貞雄の工作ケース

一八人のうち牧澤義夫は唯一の一〇一歳の現存者である。筆者は二〇一六年春に彼と面会でき、彼の確かな記憶力のおかげで在学中の思い出や卒業後の履歴を確認することができた。彼は参謀本部アメリカ課に所属し、南米のコロンビア大使館に開戦までの一年八カ月間所属し、かなり自由にパナマ運河などのインテリジェンス収集を行なった。阿部直義はインドに派遣され、ボンベイ領事館で夫人とイギリス情報の報告で成果をあげた。宮川正之はドイツ大使館などで終戦まで書記官補をしていた。新穂智は偽名で同盟通信記者としてインドシナに派遣された。ただ彼らについては「校史」や中野関係書にかなり記されているので、省略したい。

名簿の最後にある扇貞雄はまとまった手記を戦後に残している。参謀本部ロシア課に短期勤務した後、関東軍司令部に配属されて、にせの満洲国外交主事に成りすまして、ソ満国境都市だけでなくモスクワ、リスボンなどを偵察するクーリエの任務をこなした。またハルビンを舞台に白系ロシア人の反ソ活動を支援し、その実績を評価され、一九四一年上海軍に転属された。彼によれば、上海で「白系露人宅に一年半同居し、上海十五万人の白系露人掌握工作に没頭、工部局「ロシア」人連隊を傘下に指導」したという（『ツンドラの鬼（樺太秘密戦編）』一九五一年）。一九四二年には樺太敷香《しすか》特務機関長となり、白系ロシア人やオロチョン族などの反ソ工作や北方ロシア人の動向を探った。さらに一九四四年には南方総軍司令部に移り、スマトラ特務機関で活動。そして終戦時にはマレーの第二九軍で工作隊長を務めた。

扇ほど日本軍の占領地域で幅広く秘密工作を実行した1期生は見当たらない。その彼が一九八四年に上海を訪ねた際に寸暇を得て、彼や日本軍に協力したがゆえに処刑された多数の白系ロシア人の処刑場を訪ね、彼らを秘かに供養した次の文章には、中野学校卒業生の「誠」が表現されている。

タクシーを急がせ、元上海大競馬場、現中央大人民広場に至る。敗戦時、上海ソ連総領事館の密告を主として、八路軍特務や、藍衣社、CC団（抗日秘密結社）等の、逮捕において、日本軍に協力した罪により捕えられ、無数の奸漢なる名の下に、対日協力支那人と共に惨殺された白系露人連隊将校と、その家族の処刑跡を弔問す。（「四十年振り中支江南の地を訪ねて」『楯国』一九八五年一月号）

神戸事件の発生と秋草の所長辞任

こうして陸軍中野学校で「諜報謀略的人格」を修練された1期生は参謀本部など指導部では注目される実績を残した。第2期生つまり乙1短期、長期の卒業生の一部にも、1期生のような活力ある人材がインテリジェンス専門の若手将校として頭角を現わすようになった。学校創設期の評判に秋草ら幹部はほくそ笑んでいた。陸軍執行部の中枢で、軍全体を俯瞰する位置に立っていた岩畔も中野学校の健闘を香川大尉を通じて把握していた。

ところが1期生、2期生を巻き込んだ神戸事件が一九四〇年一月に発生した。1期生では卒業したばかりの牧澤、亀山六蔵、丸﨑義男少尉が参加した。五・一五事件や二・二六事件をまねた、テロリスト志向の教訓主任・伊藤佐又少佐による、卒業生、在学生を使った神戸英国領事館襲撃未遂事件である。

これは憲兵隊の俊敏な行動で寸前に抑えられたが、その収拾に時間を食った。以前のクーデタは現役の政府高官暗殺をねらった重大事件であったが、外国人や在日外国機関を襲撃対象としたことはなかった。ところが今回はアメリカと並ぶ日本の潜在敵国である英国の在日外交機関を襲撃しようとしていた。しかも学校幹部が先導したもので、カリキュラムにある「工場偵諜」といった模擬演習ではない。その重大性を認識した軍当局の対応は手早かった。伊藤少佐はすぐに逮捕、拘禁された。軍法会議が秘密裡に開かれて、迅速な処分がなされた。だが彼は予備役に回されただけで、十分な退職金をもらっていた（「陸軍将校不穏行動ニ関スル件報告」C01004837700）。1期生らへの処分は全くなされなかった。

秋草校長の辞任は神戸事件発生から三カ月後であったが、その方が学校当局には打撃であった。彼は学生に別れを告げることなく、一九四〇年四月末「秋草学校」と自分の名を冠された中野学校から突然姿を消した。その後の日本をめぐる戦局の展開が早く、即戦力を求める軍中枢部の要請で当初の岩畔・秋草構想はいずれ崩壊する可能性が高かった。彼らの構想を生かすだけの経済的、軍事的余裕もなくなっていく。

その後、官僚主義的に中野学校は整備されていく。公文書を調べると、五月には「校史」にはない校長上田昌雄大佐の就任、八月には北島卓美少将の同校の別名東部第三三部隊長兼務としての就任が見られる（北島には校長名は付いていない）。その際上田校長は幹事（副校長）となる。一九四一年には参謀本部直轄の学校となり、予算は増やされた。しかし対米戦争勃発とともに、各戦地の軍司令部や特務機関は即戦力になる下級将校の量産を同校に求めるようなった。

さらに正規軍の敗退の続く戦局の悪化に即応した遊撃戦（ゲリラ戦）に、カリキュラムは変質した。一九四四年八月に静岡県二俣町（現・浜松市天竜区）に作られた二俣分校では、「爆破実習」と創立期に呼ばれた一科目の方針が全カリキュラムに浸透し、わずか二、三カ月間での速習が求められた。予備士官学校の出身者が一九四五年七月までの四期一年間に計六〇九名という多数の下級将校を養成した。それは中野学校全体の卒業生の四分の一に相当した。小野田寛郎のように初期の者は主として南方の戦線に派遣されたが、末期の者はアメリカ軍の上陸に備えた本土の特別警備隊に配属された。中野学校は創立期とは姿を変えていく。

やがて本校は一九四五年四月に群馬県富岡町（現・富岡市）に疎開し敗戦を迎えた。秋草はその後、関東軍情報部長などを経て、敗戦後はソ連軍に逮捕され、モスクワ郊外の監獄にて死去した。

現在、陸軍中野学校の跡地には警察病院、中野区の貸ビルと早稲田などの大学施設がある。警察病院内の片隅にある、中野校友会の建立した小さな碑が、ここにかつて陸軍中野学校があったことをひっそりと示すのみである。

第二章　アメリカによる日本インテリジェンス機関の分析

1　アメリカの日本関係資料の収集と公開

第二次大戦で日本を相手として戦ったアメリカ軍は、自軍や連合国軍を震撼させる日本軍のインテリジェンス機関の正体把握に躍起となった。特に陸軍の諜報宣伝謀略機関である特務機関（後出）に注目し、その構造や機能を分析しようとした。戦争初期から米軍は戦場での鹵獲《ろかく》文書、捕虜、日系人の供述、公文書などの分析にあたっていたが、戦況が有利になるとともにその対象は拡大し、内容も豊かになった。海軍特務部、陸海軍武官、外務省、領事館などの関連資料の収集・分析だけでなく、中国、マレー、ビルマ、フィリッピンなど日本占領地域や前線で暗躍する各機関、欧米諸国や中立国に潜行したスパイや領事館員、同盟記者の足跡を監視して、報告をワシントンや各機関に送った。そして終戦直後には、それら諜報機関を動かした将校や機関員への尋問、関係文書の収集によって、各機関の全貌を解析したリポートを精力的にまとめた。

アメリカ国立公文書館（ＮＡＲＡ）では、参謀本部作成資料や前線機関の報告書の翻訳ばかりでなく、日本語の貴重な原資料がかなり保存されている。日本の敗戦とともに組織的にその種の資料は焼却された。また非公然の組織であるため、たとえ関連の役所に保管されていたとしても、珍しくその役所が資料公開の姿勢をもっていたとしても、研究者の前に提示される機会は少ない。さらにインテリジェンス機関自体が壊滅した。しかもそれらの謀略の多くが失敗に帰したため、関係者も戦後、自らの戦績について語ることはまれであった。

ＮＡＲＡでは一九九〇年代にはいってアメリカ軍関係の機密資料の公開が急速に進展した。冷戦の終結と情報公開法の制定が、その背景にあった。特に第二次大戦期に誕生し、終戦とともに解体されたＯＳＳ（戦略諜報局）の資料公開の意義は大きい。ＯＳＳ資料の一挙公開は、その後身のＣＩＡの決断であった。それは陸軍諜報部（Ｇ２、ＭＩＳ）、海軍諜報部（ＯＮＩ）、国家安全保障局（ＮＳＡ）などの情報公開を加速した。ＮＡＲＡでは、これらの膨大な資料群を整理したうえで、順次公開している。

筆者は一九九六年四月から九八年三月までＮＡＲＡで第二次大戦期の日本の諜報、宣伝、謀略の三つの資料収集作業を行ない、約十万枚のコピーを集めた。ＯＳＳにしろ、ＯＮＩにしろ、インテリジェンスのリポートのなかに宣伝も対象とするなど、どの資料においても三つのインテリジェンス領域は重層している。筆者はこれらの資料を精査して『第二次世界大戦期日本の諜報機関分析』全八巻（柏書房、二〇〇〇年。以下「資料集」）を編集した。以下が本資料集の構成である。

第一巻　総論1　　第二巻　総論2

第三巻　総論3　　　　　　　第四巻　中国編1
第五巻　中国編2　　　　　　第六巻　南方編
第七巻　欧州編1　　　　　　第八巻　欧州編2

もちろん比較的まとまって、内容に信頼性が高いと判断したものに限定した。これらのリポートは機関内部ないし軍全体に配布されるごく少部数の極秘文書で、公刊されることを予定していないので、宣伝色は弱い。しかしそれらはすべて第一次資料で、しかも価値が高いと考えたものを厳選して収録した。それらは分析リポートを読む読者に現実感を与えるとの判断からである。

2　文書の作成機関

戦略事務局か戦略諜報局か

インテリジェンス（intelligence）とは、敵国ないし仮想敵国の情報とその情報を収集、分析、分配する行為をいう。日本語では諜報という言葉があてはまる。したがってインテリジェンスには、軍事的情報とそれを扱う秘密性という暗いコノテーションがある。なぜかＣＩＡ（Central Intelligence Agency）の日本語訳には中央情報局が通用する。中央諜報局とは呼ばれない。ＣＩＡが誕生したのは一九四七年である。まもなく日本の新聞紙上に登場した際には中央情報局となった。占領軍の世論誘導を担当したＣＩＥや検閲を担当したＣＣＤがその訳語を指定したと考えられる。

ＣＩＡの前身はＯＳＳ（Office of Strategic Services）である。一九四二年にアメリカの諜報活動の総元締としてルーズベルト大統領がつくったＯＳＳは、その活動内容から見て、またその英文名から見ても戦略諜報局と訳すのが適当である。これも占領期にその存在が明らかになった第二次大戦期の秘密機関である。そのような事情から訳語として、戦略諜報局よりも戦略事務局の方が、占領軍にとって好都合と判断されたのだろう。

ＯＳＳ資料の公開

ケネディ大統領のキューバ侵攻作戦のようにＣＩＡが主役を担い、そして失敗したものは、公開せざるをえなくなった。したがってこの作戦にかんしては、かなりの資料の秘密指定解除（declassification）がなされた。このような偶然的なケースを除けば、ＣＩＡの資料は非公開である。それでも情報公開法ＦＯＩＡ（Freedom of Information Act）によりＣＩＡの資料公開は徐々に進んでいる。クリントン大統領の決定で国家情報の公開が三〇年から二五年間に短縮された。それとともにＦＯＩＡの利用が活発となり、研究者などの要求に応えて、ＣＩＡも重い腰をあげつつある。また冷戦の終結もＣＩＡの姿勢を公開の方向へ促している。

しかし私は一九九七年七月に「日本占領期のＯＳＳ、ＳＳＵとＣＩＡの資料公開」を要求したが、まだ公開の知らせが来ない。責任者からの返事は次のようなものであった。

あなたの要望する資料のＣＩＡでの有無をお知らせすることはできません。もし当局で所蔵したとしても、それが公開されないのは、「諜報と手段」と「外交関係」という点で国家の安全にかかわっているからです〔中略〕。ＣＩＡの設立は一九四七年です。それ以前のＯＳＳとかその後身についての大部分の資料はＮＡＲＡへの移管が完了していますので、そこに問い合わせて下さい。

「国家の安全」というＦＯＩＡの例外規定がＣＩＡの機密指定解除を阻んでいるわけである。

作成主体の得意領域——ＯＳＳ

中南米はＦＢＩ（連邦捜査局）の領域で、フーバー長官のＯＳＳ排除の姿勢は固かった。ＯＳＳの活動は欧州戦線では比較的受け入れられたが、対日戦を行なう陸・海軍の部隊からは歓迎されなかった。マッカーサーは西南太平洋連合軍司令官であったが、ＯＳＳ長官と個人的にソリが合わなかったし、もともと彼の指揮外にある機関はどんなものであれ、その介入を許さなかった(1)。しかも彼は独自のインテリジェンス部隊をもっていた。太平洋軍司令官のニミッツは、ＯＳＳのような機関は熱帯の島やジャングルには不必要と見ていたし、気心の知れたＯＮＩの方が使い易かった。したがってＯＳＳ作成の文書で両司令官の戦域を対象としたものはほとんど見あたらない。しかしＯＳＳは、ビルマ戦線ではＣＢＩ（China-Burma-India theater）のスティルウェル司令官やイギリス軍の理解の下で、少数勢力ながらなかなかの成果をあげた。調査分析活動でも光機関など日本のインテリジェンス機関の分析（「資料集」第六巻3）のような優れたリポートを残した。ＯＳＳは中国戦線には参入できたものの、国民政府軍事委員会調査統計局（軍統）の戴笠将軍から嫌われていた。彼はSACO（Sino-American Special Technical Cooperative Organization）からOSSを排除し、ONI（海軍諜報部）を優遇した。[2] 中国戦線では、OSSは一九四二年から四三年にかけ、重慶で中国研究者フェアバンクを調査研究班の責任者に据えたことに見られるような地道な活動を行なっていたが、戦争末期にはONIと軍統から離れ、昆明で独自の活動を展開せざるを得なくなった。[3] しかし戦争末期から戦後にかけて、「資料集」第四巻7「秘密結社と組織への日本の浸透」、第五巻12「マカオにおける日本諜報活動」などのリポートを次々に出している。とくに戦後、昆明から上海に本拠を移してからの分析には見るべきものがある。なお、OSSは一九四五年十月に解体され、その主力は陸軍省に吸収され、SSU（Strategic Service Unit）となった。そしてSSUは一九四七年にCIAとなった。そのSSUは第五巻14「台湾における日本インテリジェンス機関」など数多くの日本諜報機関分析を短期間に精力的に出している。

OSSに限らず、アメリカによる日本機関分析は北に行くほど、そして日本本土に近づくほど弱くなる。OSSは中国戦線では、延安のデキシー・ミッションに参加するのが精一杯で、戦中に華北や満洲に工作員を投入することはできなかった。「資料集」に収録した第四巻の満洲、華北の文書は戦後に日本軍関係者からえた供述に依拠したものが多い。朝鮮の資料は見あたらない。なおこの地域の日本インテリジェンス機関はソ連の強い関心領域であったため、モスクワの公文書館に関連の文書が多いと思われる。

ONIの得意領域

ONIはアメリカの最古のインテリジェンス機関で、一八八二年に誕生した。OSSの出現で、ONIのインテリジェンス部門はOSSに統合されることとなったはずだが、先の中国戦線でのOSSとの暗闘からも推測されるように、しぶとく活動を続けた。パール・ハーバー以来、太平洋戦線では海戦のウェイトが高まる一方となった。船艦をもたないOSSからは海軍の要求するインテリジェンスは得にくい。ONIは「資料集」第六巻6「南太平洋における日本諜報機関と原住民」や第八巻7「ハワイにおける日本諜報機関」などの文書を残した。ONIはFBIとは協調的で、よくその作成リポートを引用する。MISの資料も多く出る。ところがOSSの資料はまったく使っていない。OSSへのセクショナリズムや露骨な敵意がその作成文書からもうかがえる。ちなみにONI公刊の百年史[4]にはCIAの記述は若干見られるが、OSSやOSS長官のドノバンのそれは皆無に近い。一方、OSSのリポートはONI、MISなどあらゆる機関の資料を活用している。

MISの得意領域

MIS（陸軍諜報部）はマッカーサーほどの露骨なOSS排除の姿勢は示さなかったが、ルーズベルトに約束したOSSへの協力の姿勢は表向きであった。MISは中国戦線での主力部隊としての陸軍の実績に基づいて、「資料集」第二巻4、5の「日本諜報機関」や第二巻6の「日本の諜報機関と暗号」といった総論的分析を得意としていた。またマッカーサーの文書翻訳・通訳部隊であるATIS（Allied Translator and Interpreter Section）は日本軍からの押収文書の解読、通信傍受や日本兵捕虜の尋問で、戦術、戦略上のきわめて有益な情報を入手し、それを他の戦域にも配布した。なおATISには二世中心の二千人の日系人が参加していた。第三巻7や第六巻5などはATISの活動に基づく文書である。

以上から、OSS、ONI、MISの新旧のアメリカ・インテリジェンス機関が日本軍の活動を把握しようと競っていたことがわかる。その他に暗号解説のSSA（Signal Security Agency）が日本の海軍、陸軍の順に戦中に暗号システムの解読成功という大成果をあげていた。第三巻6「日本諜報機関と暗号」はMISが作成したものだが、SSAの分析を基盤にしている。またこの文書や第六巻5「フィリッピンにおける日本の防諜、宣伝、第五列活動」はSSAの後身のNSAの所蔵資料である。なお戦時情報局OWIがラジオ傍受など公開された日本の情報の収集・分析を大規模に行なっていたが、主な任務は日本へのホワイト・プロパガンダ（情報源を公言するプロパガンダ）にあった。したがってOWIはインテリジェンス関係の文書は残していない。

3　インテリジェンス機関の分析と評価のポイント

インテリジェンス機関とその組織関係

資料の存在の有無はその作成主体の関心の有無を示す。関心の度合がその資料の多寡を決定する。戦時での日本軍の作戦は電撃的といってよかった。とくにパール・ハーバーで奇襲攻撃を受け、大きな損害を受けたアメリカ軍当局のショックは大きかった。またフィリッピンで敗北し、マッカーサー将軍らが命からがらオーストラリアに逃亡させられた屈辱感も大きかった。全戦線において日本軍が効率的に侵略目標を達成したことに震撼した。各前線で対峙した日本軍があなどれないパワーをもっていることを認識させられた。

それでも日本の陸軍や海軍の戦力の規模を、戦前からアメリカ、イギリス、オーストラリアなどの連合軍はかなり詳細に把握していた。対米戦を長期に行なうだけの強さをもっていないことを認識していた。それにもかかわらず緒戦に華々しい戦果をあげ、ミッドウェー海戦での大敗をも乗り越える勢いを示していることに、アメリカ軍の幹部は驚いた。そこには平凡な戦力を補う戦術、戦略があるのではないか。その作戦を支える強力なインテリジェンス活動が隠されているのではないか。そのインテリジェンス活動を行なう機関にはどんなものがあるか……といった疑問が続々と湧いてきた。そして、日本軍のインテリジェンス活動や機関に関する資料がきわめて少ないことに気づいた。

第二次大戦で日本を相手として戦ったアメリカ軍は、自軍や連合国軍を震撼させる日本軍のインテリジェンス機関の正体把握に躍起となった。特に陸軍のインテリジェンス謀略宣伝機関である特務機関の構造や機能を分析した。戦争初期から戦場での押収文書、捕虜、日系人の供述、公文書などから分析にあたっていたが、戦況が米軍有利になるとともにその対象は拡大し、内容も豊かになった。資金力、組織力に物を言わせ、多数のスパイ、工作員を前線に投入し、二世を中心とした日系人や専門家がインテリジェンス活動に動員され、将校らの分析を支援した。海軍特務部、陸海軍武官、外務省、インテリジェンス教育の分析だけでなく、中国、マレー、ビルマ、フィリッピンなどの日本軍占領地域や前線で暗躍する各機関、欧米諸国や中立国に潜行したスパイや日系人、領事館員、同盟記者の足跡を監視した報告をワシントンや各機関に送った。そして終戦直後には、それらインテリジェンス機関を動かした将校や機関員への尋問、関係文書の収集によって、各機関の全貌を解析したリポートを精力的にまとめた。図1は「資料集」第三巻6に出ているものであるが、MISの総力を結集した日本のインテリジェンス機関関係図の総決算といえるものである。

遅れた大本営、参謀本部の実体把握

初期のアメリカ軍の文献には大本営にかんする記述はまったくない。ましてや大本営と陸軍参謀本部や海軍軍令部の関係は把握されていない。インテリジェンス機関分析の対象は前線で遭遇する陸海軍の各機関であった。東京の諜報機関の本部が把握しにくかったのは、押収文書や捕虜に情報を依存していたからである。捕虜には高級将校はいなかった。「資料集」第四巻2「中国における日本諜報機関」は捕虜となった海軍大佐の供述をまとめたもので、中国の機関についての情報は貴重であったが、それら機関を指揮する立場の東京の本部での勤務体験や知識が欠けていた。

ようやく戦争末期に執筆された第三巻6「日本諜報機関と暗号」のなかで、大本営の実体にやや接近した記述が出ている。そこでは大本営を陸相、陸軍参謀総長、海相、海軍軍令部長からなる最高の軍事組織としている。そして大本営の下に陸軍参謀本部と海軍軍令部を置いている。参謀本部と軍令部は併存し、競合している別々の組織であるようだが、その確証はないと記している。二つの本部の下にそれぞれが四つの部をもち、さらにその下にいくつかの課が存在している。そして図

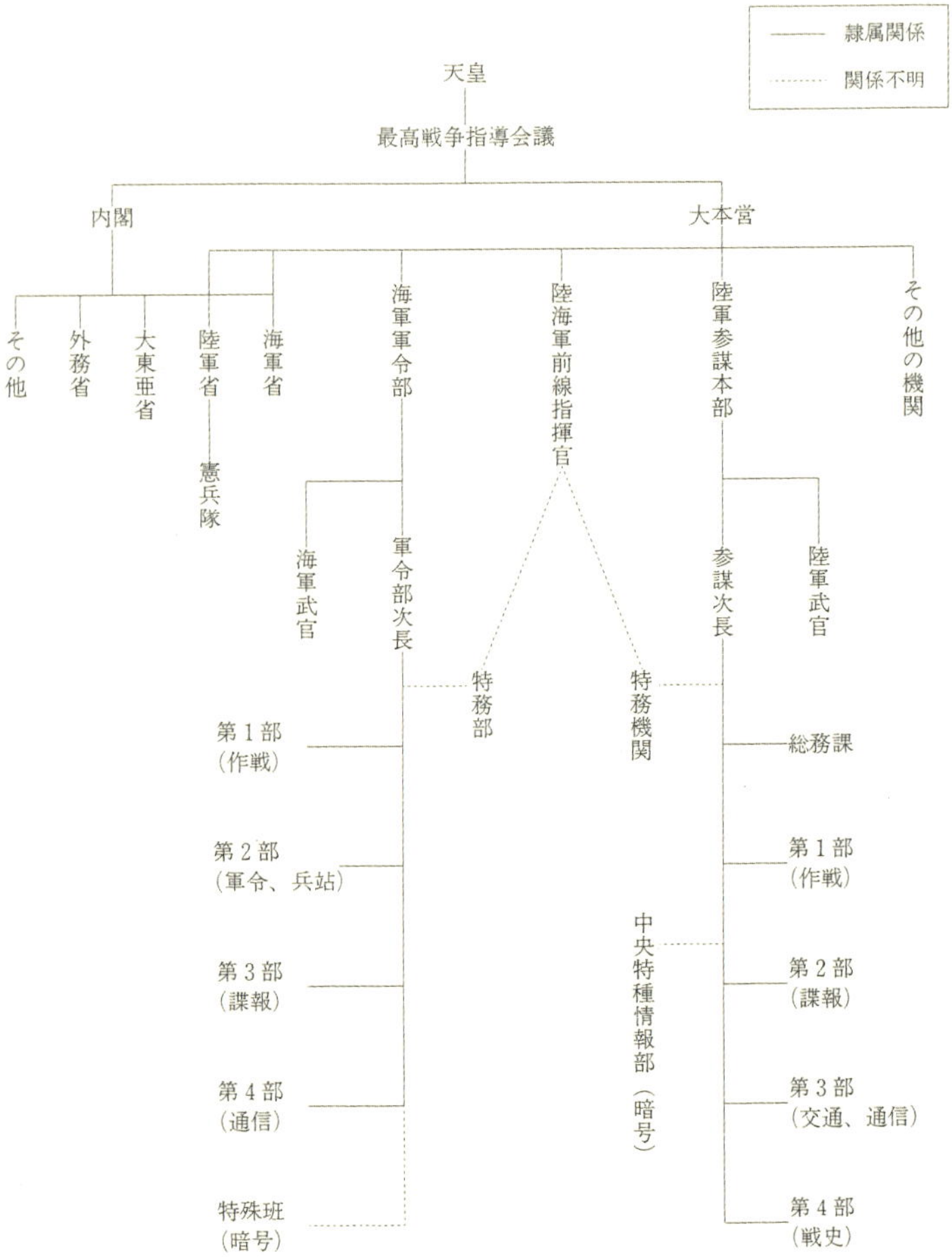

図1　日本のインテリジェンス機関関係図（アメリカ軍調査）

アメリカ国立公文書館所蔵 RG457 Entry 9002 Box 90 SRH254

1のような大本営の組織図を作成している。

このMISによる東京の本部機構の把握は正しかった。ただ陸軍特務機関と海軍特務部と東京の本部との関係は不明だとして点線を引いている。終戦時に参謀本部第二部第七課で中国情勢判断の責任者だった山崎重三郎中佐は一九四五年十一月十五日、アメリカ戦略爆撃調査団の尋問[5]に答えているが、その際、中国の特務機関の活動報告は本部には届かなかったとしている。彼によれば、前線の作戦やインテリジェンスの結果は現地軍の指揮官が掌握していて、その指揮官がまとめたものが間接的に届いただけだ。またそれら機関に本部から直接指示を出したことはないという。彼が責任回避の供述をしたとは思えない。第二部六課など参謀本部に長年高級参謀として配属された杉田一次大佐は、現地からの情報は貧弱で、本部は情報でなく「理論」、いや大声を出す者が決定を下していたと記している[6]。また戦争後半、第二部長としてインテリジェンス関係の責任者であった有末精三中将は同じく調査団に答えて、前線からのリポート、通信傍受、新聞雑誌、捕虜と押収文書が情報源であったが、アメリカ軍の能力への過小評価、空中偵察力の弱体など、つまりインテリジェンス能力の欠如によって、誤った決定を下したと語っている[7]。

インテリジェンス活動は本来、参謀本部や軍司令部の方針で決定される。ところが前線の各機関の集めた情報が指揮官の手で適当に取捨選択され、都合のよい情報しか届いていなかったこと、その情報量も少なく、質も低かったこと、さらには本部第一部作戦参謀の第二部収集の情報への軽視がインテリジェンス活動を無にした。こう考えると、大本営、参謀本部の構造の把握が完璧でなくても、アメリカ軍は十分に戦術、戦略を立てることができたということになる。なお、参謀本部の

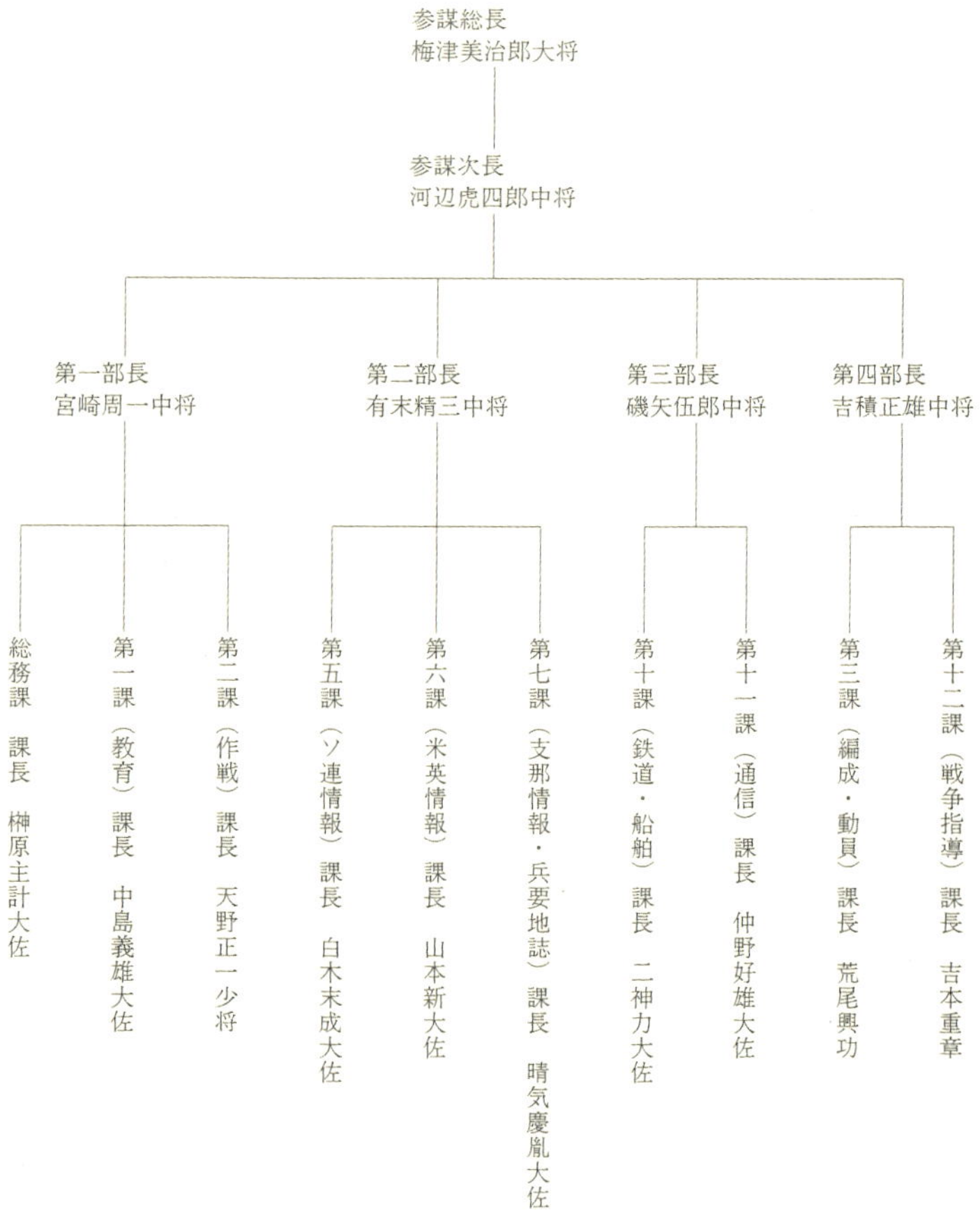

図2　終戦直前の参謀本部（1945年8月14日）

アメリカ国立公文書館所蔵 RG 165 Entry 79 Box 1320 “P”Fille

終戦時での組織と責任者（アメリカがつかんだ）は図2のようになっていた。[8]

陸軍特務機関への強い関心

日本のインテリジェンス機関にかんする公刊された英文の文献は数えるほどしかなかった。そのなかでヴェスパの『中国侵略秘史』[9]はインテリジェンス関係者の必読文献として、広く読まれた。著者はイタリア人であったが、中国語の知識と経験を買われて日本陸軍の特務機関にシベリア出兵から満洲事変、さらには日中戦争直前まで、長くそして深くかかわった人物であった。その著書に出る土肥原大佐との会見に見られる特務機関関係者の冷徹、冷酷ぶり、その部下の売春、アヘンを使った傍若無人な行為、末端の日本憲兵や満洲浪人らの匪賊と結託した誘拐・収奪の数々の記述は、英米将校に不気味な存在として特務機関を印象づけた。とくに土肥原らが背後から指揮した張作霖爆殺、満洲事変そして満洲国建国といった一連の謀略の数々は、リットン報告などで欧米のジャーナリズムに報じられた周知の事実であった。しかしヴェスパのように中堅特務機関員として長く機関の行動を体験し、観察したものの内実の記録は、その報道を裏づけるものとして説得力があり、信用された。「資料集」第一巻1「日本諜報機関の全貌」の参考文献のトップや第二巻2の本文に出るように、彼の本はたびたび当時の特務機関分析リポートに引用された。[10]

関東軍のハルビン、奉天の特務機関の存在は、日中戦争の進行とともに欧米の一部情報将校に知られるようになった。太平洋戦争の勃発と日本の緒戦での成果は、特務機関への関心をいやが上にも高めることとなった。そして秘密機関としての源流を明治初期の玄洋社、黒龍会に求める説が第一巻1、2の文書や第四巻9「秘密結社と組織への日本の浸透」などに登場する。

戦争末期のインテリジェンス機関を扱うリポートには、特務機関が必ずといってよいほどあらわれるようになった。特務機関とは戦前、戦中には諜報、宣伝、破壊さらには傀儡など第五列支援の謀略を行ない、作戦目的達成後は傀儡権力への指導、連絡やその勢力のための防諜、宣撫などの治安活動を行なった陸軍の諜報宣伝謀略機関である。ただしこれらの任務を全ての機関が担っていたわけではない。その時期、地域によって組織の構造や機能は異なっている。しかし筆者がここに定義した範疇のいずれかに、どの特務機関もあてはまると考えられる。なお特務機関はSpecial Service Agencyとか Special Service Corps という英語が使われることもあるが、一番多いのはSSO (Special Service Organization) である。

ともかくアメリカ側はこの特務機関に焦点をおいたインテリジェンス機関分析を行なった。中国では、戦中の華南、華中から、戦後の華北、満洲にまで、分析対象の特務機関の範囲が広がった。図3は「資料集」第二巻3の文書の付表に出ている太原特務機関の組織図の日本語訳である。「北支五省」の要衝太原への日本軍の攻略は一九三七年末に完了していたので、この図3は占領後の一九三九年には、特務機関の傀儡政府への指導・連絡などが太原特務機関の主要任務であったことを示している。しかし延安に近いこの地では、中国共産党のゲリラ勢力にいつも日本軍は脅かされていた。そこで作戦部はインテリジェンス活動を強化せざるをえなかった。太原については、「資料集」第一巻でも記述されている。第四巻11「華南における日本、ドイツの諜報活動」や第五巻13「華南五省の広域日本諜報機関」の組織図などもかなりまとまっている。また上海の梅、菊などの

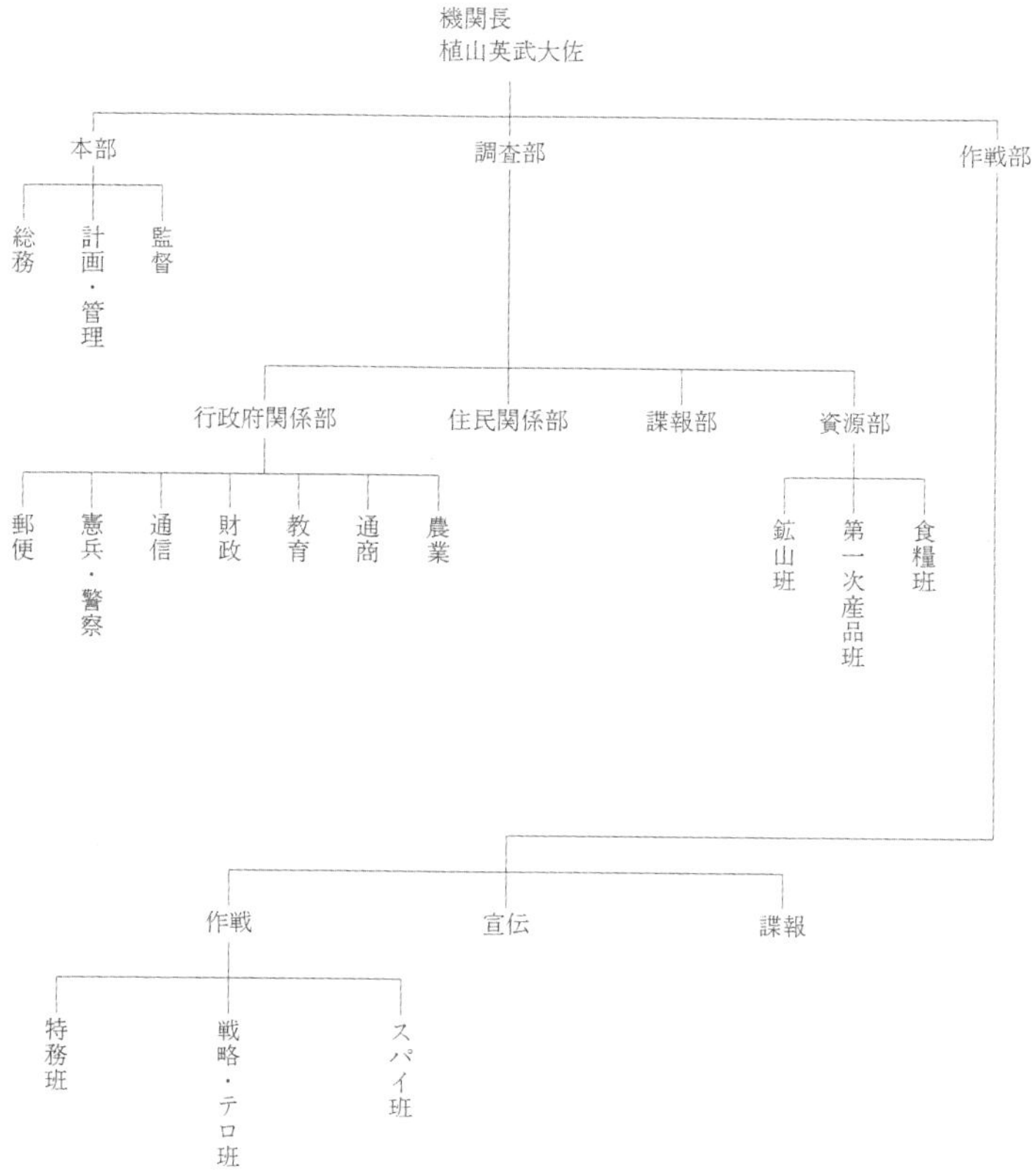

図3　太原（山西省）特務機関の組織図（1939年5月現在）

アメリカ国立公文書館所蔵 RG 38 ONI Records, Counter Intelligence Branch; Sabotage, Espionage and Counterespionage Section (SAE), Records of the Oriental Desk, 1936-1946 Box 8

特務機関やそれらと監衣社、チンパンなどとの関係の記述や組織図については、「資料集」収録の文書のあちこちに断片的ながら描写されている。第四巻1では、独立諜報部隊や特務機関を監視する秘密戦士の参謀本部の派遣など、特務機関の組織も重層化していたとの指摘がある。しかし図3ほど体系的な組織図作成をその他の日本機関に対して行なうことはできていない。

また陸軍中野学校や大川周明の大川塾の活動については、戦後作成の第一巻1「日本諜報機関の全貌」や第一巻4「日本諜報機関（第1版）」に不完全ながら記述されているし、この関連の文献はその他のNARAの日本人捕虜への尋問などの資料にも少なくない。

恐れられた憲兵隊

憲兵隊MP（Military Police）は陸軍機関である（図1）。支配地域の防諜・宣撫などの治安活動では、特務機関のそれと重複していた。また主戦場では、陸軍の上級将校が憲兵隊と特務機関の双方を指揮する場合が多かった（「資料集」第一巻4）。非公然の特務機関に比べ、憲兵隊は目立つ存在だった。しかも憲兵隊は東京の本部から組織的にコントロールされていたので、特務機関よりも効率的な活動を行なうことができた。敵や被支配者側は特務機関と憲兵隊を混同し、前者を後者と認識しがちだったため、後者の方が知名度が高かった。ともに残酷な行為を行なったので、憲兵隊は住民に一層悪いイメージを与えることになった。

ここに収録した文書の多くに憲兵隊の記述が見られる。だが憲兵隊のみを扱ったリポートや資料はNARAでは膨大にある。

軽視された海軍軍令部

陸軍特務機関に相応する海軍インテリジェンス機関は特務部と言われた。これは「資料集」第一巻1ではNaval Service Organization、第一巻4ではSpecial Service Department of the Navyとして出ている。前者の文書では、特務部は天津、上海、広東など中国各地やシンガポール、スラバヤ、ラバールなどの海岸主要都市で活動しているが、陸軍特務機関とは違って、諜報のみに注力していると述べる。特務部は軍令部の第三部の指揮下にあると見ている（図1）。また海軍と陸軍のインテリジェンス機関の間には嫉妬や摩擦が見られるという。後者の文書では、中国、南方ではかなり活発に動いているが、欧米では弱い。この機関は上海、北京の在外武官府から一九二九年に生まれ、その後も武官府と連動している。しかしその詳細な活動をアメリカ軍は把握していない。ONIの資料にも特務部についての記述はない。パール・ハーバーはラッキーな要因が重なったもので、日本海軍のインテリジェンス部門の成果ではないとの見解がアメリカ側で強まったからかもしれない。

低い評価の特種情報部

日本軍の特種情報部は陸軍にもあったラジオ傍受と暗号解読の機関である。関東軍の特種情報部は「資料集」第二巻4「日本諜報機関（第1版）」によると、一九四二年に設立された。本土のそれは一九四三年七月に設立され、大本営か陸軍参謀本部の支揮下に置かれた。海軍のそれは海軍軍令部の第四部に所属していた。また支那派遣軍、北支方面軍、南方軍、第八軍、第三空挺師団もその特種情報機関をもっていたという。

戦中のアメリカ軍のリポートは特種情報部のこのような各戦域での展開に注目している。しかし戦争末期から戦後に出たリポートでの評価は低い。第三巻6「日本諜報機関と暗号」がその典型で、日本軍の暗号解読は国民政府軍に対してのみ成功し、その他は全て失敗に帰したと述べている。連合軍の通信解析では、爆撃機や船艦の動静を大まかに把握するのが精一杯だったとする。

ドイツ機関との共謀への警戒

枢軸国のリーダーともいえるドイツがインテリジェンス活動で日本と手を握ることに、連合国側は神経をとがらせていた。「資料集」第七巻4「ドイツ周辺における日本諜報機関と機関員リスト」などに見られるように、欧米を扱った文書には必ず日本機関へのドイツの支援があったことを断言している。日本機関はドイツと、ドイツと関係の深いスペインに拠点を置いたインテリジェンス活動を行なっていた。ヨーロッパでは、イタリアをも加えた共同作戦がなされていた。やがてイタリアが枢軸国から脱落すると、ドイツへの依存度は急激に高まった。中南米ではアルゼンチンを中心にチリ、メキシコなどでのドイツとのスパイ工作を監視していた。

しかし日本は欧州や中南米では武力戦を行なっていなかった。スパイ活動にも、破壊活動がともなわなかった。ところがアジアではインテリジェンス活動は総力戦の一環であった。第一巻2では、ドイツと日本では外交ルートで情報交換を進めるだけでなく、アフガニスタンで日本機関と連携して、ソ連の反体制派イスラム教徒をそそのかしていると指摘する。上海にはドイツの機関がドイツ系メディアと連動した活動を行なっているとする（第三巻8）。さらに国民政府軍は第四巻11「華南における日本・ドイツの諜報活動」のリポートをまとめ、それをアメリカ側が英訳している。第六巻6「南太平洋における日本諜報機関と原住民」には、ビスマルク、ニューギニアの旧ドイツ植民地在住のドイツ人が日本機関に協力している証拠があるとの記述がある。

戦争初期ほど、アメリカはドイツと日本の共謀を警戒していた。しかし連合軍の勝利が必至となると、警戒感は緩む。一九四七年に出された第一巻1「日本諜報機関の全般」では、ドイツの軍学校に日本は早くから将校を送り、スパイ総元締の土肥原将軍もドイツを訪問していたが、ドイツの機関との相互協力はさほど強くはなかったと記述している。

分かれる外務省への評価

日本の外務省の情報活動は敵国に対しても、中立国、さらには同盟国に対してもなされたので、常に情報機関としての役割と機能をしている。しかも戦時でも平時でも、その駐在が許されている地域では、外交特権に守られて活動を行なえるという強味がある。しかも戦前には、大使館や領事館には、陸海軍派遣の武官が大使、領事と協力して、あるいは独自に諜報活動を展開していた。一部では武官が独自に軍隊をもち、指揮していた。したがって外務省や大東亜省を図1がインテリジェンス機関としてあげているのは当然のことである。そして大使館を受け入れている国の方からも、大使館活動への監視が常になされてきた。

ところが統師権が独立した軍事国家の日本では、軍隊の権力が強く、外交面でも外務省をさしおいて独自の外交や謀略を行なってきた。一九四二年に大東亜省がアジアの植民地、占領地を対象に設立されたとき、東郷外相は設置に反対して辞任した。外務省は第二次大戦期には常に軍部に押しまくられた。そして特務機関、特務部、憲兵隊らが外交や傀儡政権との交渉を肩代わりした感さえある。だから「資料集」第二巻4「日本諜報機関（第一版）」のように、外務省の戦時でのインテリジェンス活動は重要ではないと断定した分析がでてくる。

一方、第三巻6「日本諜報機関と暗号」では、外務省や大東亜省は軍部の機関と密接に協力してインテリジェンス活動を行なっていると見ている。漢口領事館や華南などのインテリジェンス部門は諜報と宣伝を連結した活動を軍部機関と行なっていたという。事実、第五巻12「マカオにおける日本諜報活動」は、岩井英一領事が特務機関まがいの暗殺、誘拐、脅迫の陣頭指揮をしていたと記す。外務省の出先機関は軍部と提携して、中国南岸でのアメリカ軍上陸地点、シベリアでのソ連の軍隊移動などのインテリジェンス活動に全力をあげていたと見ている。

外務省の役割は軍事作戦のなされていない欧米、中南米では、きわめて重要であった。日本大使館や領事館のスタッフは全員、「機関員」として連合国軍の機関から監視され、その動静が記録・分析されていた。ハワイの日本領事館は、パール・ハーバーの奇襲を成功させる諜報活動を行なった機関としてアメリカ側から批判の対象とされていた（第七巻6、第八巻7）。

このように相反する評価のリポートが外務省にかんして出ている。外務省は明治初期から情報活動の組織や人脈を築いてきた。その蓄積、ノウハウを、新興の軍部のインテリジェンス機関も戦争の経過とともに再認識せざるをえなくなったと思われる。そして軍勢の衰えと反比例して、外務省の諜報機関としての位置が内外で高まっていったと見るのが妥当である。もちろん開戦前から外務省の暗号が解読され、ドイツ大使館の大島浩大使の公電が連合国軍側に筒抜けになっていたという大失態[11]はあるが……。

日本人全員スパイ説

日本は有史以来、外国情報や外国文明に強い関心をもち、それを貪欲に吸収した。古代、中世では中国、近代からは欧米が輸入元であった。外国情報への強烈なまでの渇望は、その巧みな吸収者に高い地位を賦与した。エリートには独創性よりも模倣する能力が求められた。彼らには外国情報への鋭い臭覚と強い吸収力、消化力があった。また国自体が教育などの分野で外国情報吸収のノウハウを国民に学ばせた。明治維新以降の文明開化、殖産興業、富国強兵の政策はこの方向性を固めることとなった。欧米から見ると、日本人の異常とも思える欧米情報への関心と接近の仕方は、調査・研究とは次元の異なる模倣であり、そして国際的ルールをはずれたインテリジェンス活動ではないかとの疑いを懐かせた。敵国ともなるとその疑惑は一層強まる。したがって「資料集」第八巻8「中南米における日本諜報機関」は、日本人をインテリジェンス志向の強い民族と断定している。留学生、ビジネスマン、国策企業社員などの行動に目を光らせた資料も少なくない。日系人や日本人駐在員のクラブや組織のうち、南米や南方のものがインテリジェンス機関への情報提供の疑いをもたれている。商社や国策会社の海外でのインテリジェンス活動も疑われた。第一巻1「日本諜報機関の全般」は、日本貿易斡旋所、南方協会、満鉄、台湾拓殖株式会社、南方貿易会社などをインテリジェンス活動にかなりの比重を置いた機関と位置づけている。また三井物産、三菱商事などの商社や日本郵船、昭和通商などの名前は、上海、台湾などのインテリジェンス機関の資料にも散見される。

外国特派員派遣の新聞通信社とくに同盟通信社もインテリジェンス活動の関連でよく出てくる。同盟支社と領事館とのかかわりは上海で、またヨーロッパや南米とくにアルゼンチンの文献に出る。日本インテリジェンス機関が機関員を旅人や漁民に装わせた活動を行なっているとのリポートも少なくない。また日本の仏教僧にスパイ活動を委任しているとの指摘は、アメリカや中国での分析リポートに若干あらわれる。

また日本人が豊臣秀吉以来一貫して外国侵略志向の強い民族ときめつけた記述は、第一巻1「日本情報機関の全貌」などにも出てくる。この好戦的民族説とスパイ説は連動する。隙あれば外国を侵略せんとする軍部は外国のインテリジェンスを重視し、その専門家を養成した。インテリジェンス機関を設立し、そのリーダーにかなり高い地位を賦与したと見る。

さらに日本人の同質的な意識や権威、共同体への服従心は教育だけでなく、保甲（住民管理のための地域住民間の相互監視組織）や隣組といった社会制度にも培養されたとの指摘も多い。第三巻6「保甲制度と日本諜報活動」ばかりではなく、保甲に言及したリポート、資料は多い。とくにそれが相互監視や共同体的規範を育成し、インテリジェンス、スパイの温床となった。しかもそれが日本の占領地、支配地に導入される点を憂慮している。

なお日本機関に雇われた外国人のインテリジェンス活動についての資料も結構多い。とくに中国では、満洲での白系ロシア人グループ、第四巻9「秘密結社と組織への日本の浸透」にあるように上海でのチンパン（青幇。中国の港湾労働者の秘密結社）など中国人秘密結社がスパイ工作や謀略に動員されているとのリポートが目立つ。また保甲に見られる相互監視の制度が、中国人女性住民や南方の原住民のインテリジェンス活動への動員を強制・促進させているとの指摘も多い。

4　日本のインテリジェンス機関の研究

特務機関など日本諜報機関のまとまった資料は日本ではほとんど入手困難である。日本の敗戦とともに組織的にその種の資料は焼却された。また非公然の組織であるため、たとえ関連の役所に保管されていたとしても、珍しくその役所が資料公開の姿勢をもっていたとしても、研究者の前に公開される機会は少ない。さらに大部分のインテリジェンス機関自身が当面の任務に追われていて、自らの足跡を記録し、その報告書を師団や大本営に送付したり、保存する人員を欠いている。しかもそれらの謀略の多くが失敗に帰したため、関係者も戦後、自らの戦績について語ることはまれであった。

ところが徐々に日本インテリジェンス機関の文献が増加してきた。有賀伝『日本陸海軍の情報機構とその活動』（近代文芸社、一九九四年）は、本資料集でいうインテリジェンス機関の明治以来の設立から第二次大戦の終戦までの変遷を追った最初の文献である。複雑に変化する軍組織のなかに各機関を位置づけた記述と図表が有益である。やや古いものだが、秦郁彦「解説　諜報・謀略小史」（今井武夫『近代の戦争　第五巻　中国との戦い』人物往来社、一九七六年）は近代の諜報史を興味深くまとめている。防衛庁防衛研修所戦史室編の戦史叢書には、インテリジェンス機関のみを扱った巻はないが、『北支の治安戦1・2』（朝雲出版社、一九七一年）のように幹部の回顧を中心とした特務機関の資料を多く使った資料価値の高い巻がある。

口の重かった特務機関関係者も語り出したのか。関東軍情報部参謀だった西原征夫が『全記録ハルピン特務機関――関東軍情報部の奇跡』（毎日新聞社、一九八〇年）をまとめた。広範囲、長期間にわたり複雑怪奇な活動を続けた特務機関の歴史としては、短かすぎるし、不都合な点には触れていないが、この機関や関東軍情報部の研究には不可欠な文献である。内蒙古アパカ会・岡村秀太郎編『特務機関』（国書刊行会、一九九〇年）は内蒙古のアパカでソ連と対峙した生存機関員の分担執筆である。自己中心にならず、なるべく客観的に自己や機関の足跡を記録しようとつとめている。さらに組織的に諜報員を養成し、中堅機関員を輩出した陸軍中野学校の中野校友会編『陸軍中野学校』（一九七八年）は非売品で、「引用は編者の許可を必要」と記された大冊であるが、特務機関の研究にとって見逃せない、そして市販の待たれる貴重な文献である。

森久男「蒙古独立運動と満洲国興安省の成立」（『現代中国』第七三号、一九九九年十月）は内蒙古のチャハル工作を実行した承徳特務機関に触れている。戸部良一『日本陸軍と中国――「支那通」にみる夢と蹉跌』（講談社、一九九九年）は「支那通」の佐々木到一の行動をまとめているが、坂西公館や奉天特務機関にも若干言及している。山本武利『特務機関の謀略――諜報とインパール作戦』（吉川弘文館、一九九八年）は、アメリカ国立公文書館の資料を使って光機関を分析した。

第一次資料では、『参謀本部機密戦争日誌』（一九九八年）が特務機関などインテリジェンス活動機関の足跡を大局的にたどりやすい資料である。粟屋憲太郎・竹内桂編『対ソ情報戦資料』（全四巻、現代史料出版、一九九九年）では、関東軍情報部やハルビン特務機関関連の資料が断片的ながら特に第一、二巻に多い。

このように日本諜報機関の研究はようやく立ち上がりはじめたところである。一層の資料公開の進展と研究者の関心の高まりが待たれる。海外の研究員の研究も日本研究者のそれと五十歩百歩である。こう見てくると、第二次世界大戦でのアメリカ軍を中心とした日本インテリジェンス機関分析が、質・量ともに優れていることがわかる。これらの資料は今まで内外の研究者によってまったくといってよいほど活用されてこなかった。

注

（1）Lawrence H. McDonald, *The Office of Strategic Services, America's First National Intelligence Agency*, Prologue Quartorly of National Archives, Vol. 23, No. 1, Spring, 1991.
（2）Maochun Yu, *OSS in China, Prelude to Cold War*, Yale University, 1996, pp. 77-143.
（3）J・K・フェアバンク『中国回想録』みすず書房、一九九四年、二九七〜三〇六頁。
（4）Wyman H. Packard, *A Century of U. S. Naval Intelligence*, Department of the Navy, 1996.
（5）Headquators U. S. Strategic Servey (Pacific), "Intelligence Duties of TOKUMU KIKAN (Special Service Organization)," 1945. 11. 15 NARA M 1654 Roll#3.

（6）杉田一次『情報なき戦争指導——大本営情報参謀の回想』原書房、一九八七年参照。

（7）Headquators U. S. Strategic Servey (Pacific), "Organization and Operation of Japanese Army Intelligence Activities," 1945. 11. 1 R319 "P" File B 2035.

（8）「部長以上業務分担表」と「各課業務分担表」から作成。分担表は日本語で記されたもので昭和二十年八月十四日の日付入りである。占領軍の命令で終戦直後参謀本部から提出されたものと思われる。

（9）Amleto Vespa, *Secret Agent of Japan, A Handbook to Japanese Imperialism*, Victor Gollancz Ltdo, 1938（『中国侵略秘史——或る特務機関員の手記』山村一郎訳、大雅堂、一九四六年）。

（10）現在でも Deacon, *Kempei Tai, The Japanese Secret Service, Then and Now*, Charles E. Tuttle Company, 1983 などにも引用されている。

（11）Card Boyd, *Hitler's Japanese Confidant, General Oshima Hiroshi and Magic Intelligence 1941-1945*, University Press of Kansas, 1993.

第三章　オーストラリアによる日本陸軍インテリジェンス機関の分析

山本武利 訳・解説

訳者序論

この資料は、オーストラリア陸軍参謀本部が一九四七年に作成した二部構成からなる膨大なリポートの冒頭部分を訳したものである。

原題は Australian Military Forces General Staff (Intelligence) Army Headquarters (ed), *The Japanese Secret Intelligence Services*, Part 1-2, 1947 である。このうちから第三章の "Army Intelligence Organizations" の冒頭の一部分を訳した。この資料はアメリカ国立公文書館所蔵のものである（文書番号 RG319 "P" File Box 2120）。

本資料はダグラス・マッカーサー将軍指揮の西南太平洋連合軍の鹵獲《ろかく》資料や捕虜尋問書などのリポートを中心にまとめているが、自軍のリポートやオランダ軍の資料も活用している点でユニークさがある。軍事的関心や地政学的視点からオーストラリアに近いジャワ、スマトラ、ニューギニアに詳しく、逆に満洲、中国の記述は少ない。

第一部は総論である。明治前期から中国大陸を中心に諜報活動を開始した玄洋社、黒龍会が、特務機関の源流となった歴史を解説する。日本のスパイ概念は敵国の情報入手よりも総力戦のインテリジェンスという広義のそれに近いという。日本陸軍のインテリジェンス機関は参謀第二部に統括される。しかし一九二〇年代後半に確立した特務機関はそれぞれコードネームをもって前線の師団に従属し、東京から独立していた。戦時中は仮想敵国や侵略対象の情報を集め、プロパガンダや破壊活動の準備をし、占領後は治安のためのスパイ、宣撫工作を通じて軍、政府と占領地住民との連携などの工作を行なった。陸軍は東京に陸軍中野学校や大川塾を設立し、専門の諜報工作者の育成を図った。ドイツとの連携もあったが、それほど強くない。憲兵隊とのつながりは強く、それは占領地に目立ったという。

海軍特務部、外務省、大使館、領事館、大東亜省もインテリジェンス活動を行なった。とくに大使館付武官は各地のインテリジェンスの総元締である。商社、僧侶、日本人クラブ、日本人居住者、移民、プレス特派員なども無視できない役割を担っていた。

第二部は各論である。満洲ではハルビンの特務機関が中国人や白系ロシア人を使って謀略を行ない、中国では日中戦争後、特務機関の活動が目立った。とくに梅機関は南京傀儡政権の樹立に暗躍した。広東、香港、マカオでの活動も特筆される。ビルマでは光機関が活躍した。その前身の藤原機関がマレー侵攻に貢献して以来、特務機関の南方地域での成果は大きい。スマトラ、ジャワでは各種機関と並んで軍事物資の収奪をねらった商社のインテリジェンス活動が無視できず、それは他の南方地域についてもいえる。また南方では海軍特務部の比重が高まる。最後に、日本軍の第五列育成、活用のノウハウがまとめられている。なお、資料中での訳者のコメントは〔 〕で括って記す。

＊

第一部　総論

日本のインテリジェンス機関の動きを十分に理解するためには、日本における形成過程をある程度把握することが必要である。〔日本は〕陸軍、海軍、外務省それぞれが独自にインテリジェンス機関をもっていた。

陸軍と海軍の参謀本部の活動は、一九三七年十一月二十日に日本の歴史上三度目に設立された大本営によって統合された。一九四五年三月にやっと、首相は大本営の職権上のメンバーとなった。外務省の職員たちは連絡目的のためにのみ参加を許された。したがって大本営は、戦争後期を通して日本のインテリジェンス活動の最終的統轄者であったといってよかろう。

1　陸軍参謀本部第二部

陸軍参謀本部第二部はインテリジェンス部門で、参謀本部のメンバーに任務の遂行に必要な全てのインテリジェンスを供給していた。大使館付陸軍武官が提出したリポートを正しくまとめること、そしてその武官たちが派遣国で行なう秘密の仕事を指揮することにも責任をもっていた。この部の本来の仕事はスパイ行為の組織化ではなく、以下の陸軍特務機関（Army Special Service Organization）を指揮し、スパイ情報源のリポートを受け取ることであった。

2 特務機関

a 初期の歴史

陸軍特務機関の初期の歴史はあまり知られていないが、われわれはある程度の情報を二人の日本兵捕虜の供述から得ることができた。これらの情報源によると、一九〇三年に陸軍次官が二〇人の現役武官と下士官たちに北京の花田仲之助大佐の下で働くよう命令した。北京に向かって旅立つ前に、彼らは陸軍の制服をぬぎ捨て、中国人の盗賊に扮装した。花田大佐は日露戦争に備えてロシア人に関するインテリジェンスを収集するために、満洲にいる中国人と満洲人の匪賊のリーダーたちと接触するように命令されていた。彼は北京に自らの秘密司令部を設立し、部下二〇人全員を満洲に工作員として放った。彼らはさまざまの接触に成功した。密使を使って報告書を北京へ運ぶというコミュニケーションの手段が確立された。書面に記されたインテリジェンスが北京から東京の参謀本部にクリエール（外交伝書使）によって秘密かつ安全に送られた。

ロシアとの戦争が勃発した時、匪賊たちを敵方の背後でうごめく優秀な第五列（諜報、内部撹乱で助ける工作者〕に仕立てられることがわかった。彼らによって供給された情報は的確で価値あるものであると証明された。その仕事は二〇人の武官たちと下士官たちによって監視されていたが、彼らの半分は敵に捕らえられ、処刑された。終戦時に生存していた一〇人は中核となる特務機関を設立した。

この供述と他の情報源から、特務機関の創設が日露戦争と関わっていることがわかった。それ故、このような組織の形成は超国家主義団体に属する冒険的な工作員によって行なわれるスパイ工作とは別であり、今世紀の初めに日露の敵対関係の前奏としてどこかで組織されたに違いない、と想定するのが合理的である。この戦争（一九〇五年）以降、満洲「事変」までのその機関の歴史は知られていない。だが、この機関の中国、満洲、東アジア、そしてシベリアでの日本人工作員の活動に関する証拠は豊富である。一九二八年に張作霖将軍の殺害と、満洲併合前の一九三一年の日本の満洲でのスパイ工作には、特務機関の活動が関係していた。土肥原賢二大佐がその当時の特務機関の指導者であった。彼は日露戦争に従軍し、一九二二年に満洲に転任した。その後すぐに彼は奉天と大連の関東軍の特務機関長となった。張作霖将軍の暗殺は彼の仕業であって、彼の信頼できる部下たちがスパイ工作の広範囲なネットワークのなかで関わっていた。この軍事行動に成功した後、土肥原は自らの活動を華北に移し、一九三六年に中将に昇進した後、華北自治政府の「顧問」として活動していた。彼は黒龍会の傑出した構成員であった。このたびの戦争の間、彼はマレー半島の第七方面軍司令官を経て最高戦争指導会議の一員に指名された。同僚の一人によれば、彼は「特務機関の工作と直接の軍事作戦の両方に参加した冒険志向の軍人」であった。

b　組織

特務機関が近代的な方針に従って創設されたのは一九二九年の二、三年前だった。その正確な日付は分からない。当時の活動の中心は中国、満洲、そしてモンゴルであったが、太平洋での戦争が風雲急を告げ、事務所がインドシナ、タイ、ビルマ、マレーシアそしてオランダ領東インド諸島に設立された。このような支部が安全確保のため、様々な名称の下に生まれ、そして変わったが、一つの名称を使用し続けるものもあった。一般的な名前は、陸軍特務機関、あるいは略称で特務機関であった。日本の国外に設置された支部の名前は隠されていたが、その名称には機関という言葉を使っていた。特務機関は日本陸軍の諜報インテリジェンス活動を担う支部として、相当の活動の自由を持ち、東京の政府の指揮から独立して地域紛争に影響を与えた。占領地域では、特務機関の支部は場合に応じて前線軍あるいは前線司令部の肝要な一部分だった。彼らは東京に大きな司令部を持つ機関ではなかった。特務機関の東京からの支配権は何カ国かに分割され、それぞれの国別に編成された司令部のもとで独自の働きをしていた。しかしながら重要な新しい機関を編成するような大きな問題では、東京にその指示を仰いだ。

既に占領された地域での特務機関は大雑把にいって二つのグループに分けられる。

（i）傀儡政権が設立された占領国の陸軍省

（ii）軍政（軍政官）あるいは日本植民政府（総督）によって統治された占領国の陸軍省

（ⅰ）第一グループは、占領された中国、ビルマ、フィリピン諸島、そして満洲国のような国々に属する。これらの国々の特務機関は当該地域の陸軍ないし陸軍司令部の直接の指揮系統下にあって、占領体制に組み込まれていた。ある捕虜の供述によると、中国の特務機関は、ビルマやフィリピン諸島のそれとは違って、国家と国民をより広い分野で支配していた。また、中国の機関は「戦局の変化でたびたび修正されたり、改良されたりしたが、過去に素人によって誤って指導されたがために、その後遺症に悩まされていた」という。別の機関は、最初から中国で学んだ教訓を使えるという利点を有していた。特務機関の統轄の典型例はビルマに見られる。この指揮系統では、軍政官の下に、特務機関と並んで顧問部があった。

顧問部の機能は、その名前が示唆するように、新しく占領した地域を統治する際の軍政を手助けし、助言することだった。特務機関の仕事は、政治部門も経済部門も顧問部と密接に関わりながら動くことであった。ビルマでの軍政官の地位の終了をもって、顧問部は特務機関と同じように、方面軍司令部の直接の支配下に入った。

（ⅱ）第二グループは、マレー半島、オランダ領東インド諸島、ボルネオ、そして太平洋上のニューブリテンと他の島々のような国々に属する。たとえばジャワ島の行政が実例として役立つ。軍政官の統轄の下、特務

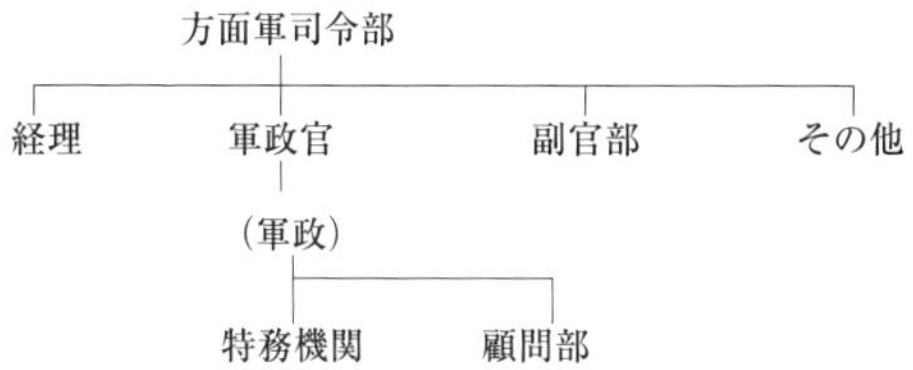

図1　ビルマ方面軍と特務機関の関係（1）

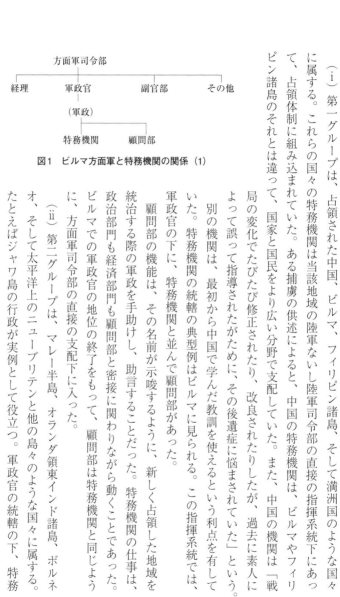

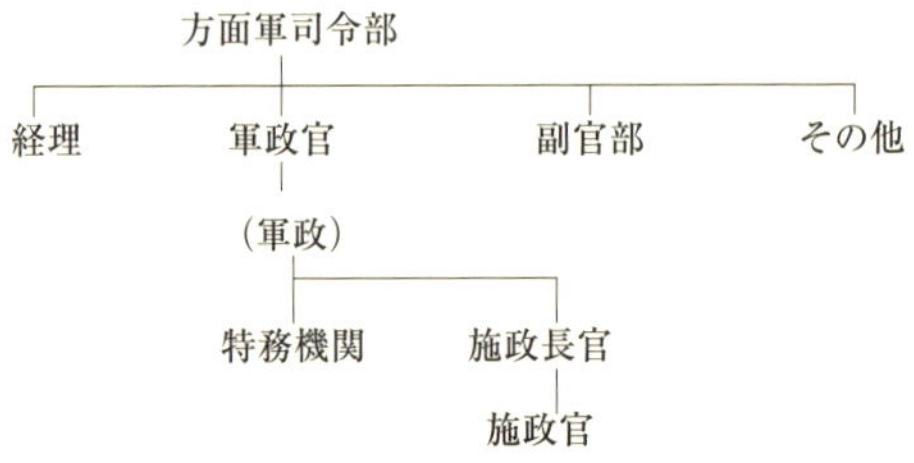

図2　ビルマ方面軍と特務機関の関係（2）

機関と一括された統轄の下、「施政長官」（第一行政官）と命令系統で第二に位置する「施政官」（代理行政官）とがいた。

特務機関と施政長官の仕事は密接に作用しあい、また後者は必要な時には、顧問部の機能を果たすことができた。しかしながらスマトラでは、特務機関は軍政官の下には入らなかった。それは常駐の最上級の陸軍編成のインテリジェンス部門のなかで機能した。

これら多少とも永続的な常駐の特務機関に加えて、日本人は純粋に戦術的な性質の機関を組織化した。これらは特別な目的をもって限定した対象を処理すべく前線地域に設立された。特務機関は、あるものは戦術的な機能がある一方で、別のものは戦略的になる場合があったといえよう。これらは個人、傑出したインリジェンス将校、商人や商会、あるいは日本人工作員の名を使った。また花、木、鳥そして動物の名前を採用した。これらの言葉は様々な組織の特別な意味を持たないコードネームにすぎなかった。ある捕虜によれば、部隊も特務機関も司令官の名前をつかって名付けられたという。しかしながらこのやり方では、司令官たちが度々変わるために、多くの問題を起こした。それゆえ、太平洋戦争勃発頃には、多くの機関は花あるいは木の名前を使う、という命名法を採用し始めた。

c　機能

特務機関の機能とは、簡潔に述べれば、秘密諜報の仕事を全て合体させ、直接の軍事インテリジェンス任務を全て排除することである。一方で「機能（秘密）」として分類されていない情報を集めて配信する。平時と戦時の機能は以下のように類別できる。

・平時

（i）潜在的敵国や「侵略予定圏」でのスパイ行為、あるいは列強に対するスパイ行為

（ii）上記国家でのプロパガンダと破壊活動の準備

・戦時

作戦中

（iii）スパイ行為

（iv）プロパガンダと第五列

占領地域

（v）国内の防衛上のスパイ行為

（vi）地域住民の宣撫

（vii）日本軍と地域住民／あるいは地域政府との連携

大雑把にいって、特務機関の目的は情報を収集することだけでなく、転覆的運動を組織化すること、士気の低下を意図したプロパガンダを流通させること、破壊活動を計画すること、そして破壊工作員たちを訓練することによって将来の軍事作戦の道筋を準備することだった。日本人がある地

域を占領すると、その地域ですでに活動していた特務機関は、住民だけでなく政治情勢も知っていたため、最も役に立った。それゆえ占領後の彼らの仕事は、行政を手助けすること、戦時体制へ地域住民を組織化すること、日本帝国主義勢力の利益となるように彼らを搾取することであった。特務機関の何人かは正規の陸軍諜報組織に所属し、地域状況についての知識を教えつつ憲兵隊とともに働いていた。

(ⅰ) 潜在的敵国などでのスパイ行為

戦争勃発に先だって、工作員たちは潜在的敵国と思われる全ての国々に派遣されていた。彼らはたいてい、一見無害な市民として、たとえば移民、旅行者、学生そして実業家として外国に入り込んだ。ひとつの町に一緒に滞在することはほとんどなく、国中の様々な地域に分散した。彼らはそこに定住し、疑われないように隠れ蓑を作りあげ、資料を集めてそれを評価し、日本に送った。彼らは旅行者や観光旅行者と接触したり、日本領事館の連中とともに働いたりした。

(ⅱ) プロパガンダと転覆活動に向けた準備

第五列活動を行なう同じ工作員たちが、その国内で日本びいきのプロパガンダ・メディアを配布した。彼らは雑誌、新聞そして定期刊行物に記事を書き、日本に有利な視点からの新しい出版物を創刊した。これはオーストラリアで実際に行なわれた。転覆活動の方では、彼らは住民中の民族主義ないし分離主義的運動を行なう不平分子と接触し、彼らを将来の悪辣な作戦のための道具として使った。兵器と弾薬をその国に密輸入させ、このような反体制派に渡し備蓄させた例も幾つかあった。来るべき作戦に備えて、第五列を組織化し訓練するのが彼らの義務であった。この分野では、彼らはマレー半島とオランダ領インドの一部で非常な成功を収めた。

(iii) 作戦中のスパイ行為

実際の作戦中に、工作員を雇用し指導するという彼らの前々から準備した仕事は実を結んだ。彼らは接触、信号ルートそして彼らの工作員たちからの情報伝達を手配した。選ばれた工作員が、敵の前線の背後でのスパイ行為という特別任務にあてられた。彼らは給料が良く、しばしば携帯用のラジオを支給された。多くの価値ある情報がこの方法で獲得され、前線の隊に送られた。

(iv) 作戦中のプロパガンダと第五列

プロパガンダはそのほとんどが、敵の前線の背後に隣接している地域住民に向けられた。その成功は大部分、戦争勃発前に行なわれた予備工作の質にかかっていた。ほとんどの工作員が動員され、彼らは脅迫、デマの形で口頭で、あるいは文書というメディアを通じてプロパガンダを伝達した。戦争前に組織化された第五列も作戦に投入された。だいたいの場合、それは地域住民の訓練されたメンバーによって自然な装いの下に最も効率的に行なわれた。日本軍の爆撃機は重要地点の標的へ爆破を行なったり、水源に毒を入れたりするような工作を続けた。

(v) 内部の安全確保――占領地域でのスパイ行為

ある地域が占領されると、工作員のネットワークが特務機関によって組織化される。その目的は、その地域で何が起きているのかについて正確な情報を入手すること、住民の感情を把握すること、そして敵の破壊活動から防衛することであった。これらの工作員たちはたいてい地元住民であり、その中核は作戦前・作戦中に工作員として働いた者たちから構成されていた。

（vi）地元住民の宣撫

これは上述したのと同じ工作員を通じて行なわれ、彼らの報告書に基礎を置いていた。宣撫という用語は日本人の文書にしばしば使われており、総力戦体制のなかでの一つの要素として、住民の完全な隷従化と彼らの組織化を含んでいる。これは地域や社会の積極的な編成であった。日本人の観点からいって最も効率的だったのは、隣組つまり地域統制の変則的な統制であった。反体制の強い地域では、しばしば陸軍または憲兵隊によって宣撫隊が住民を支配下におくために送られた。このような宣撫隊には特務機関員と工作員たちが、含まれるのが常であった。

（vii）日本軍と地域住民と地域政府、または日本軍と地域政府との連携

これは宣撫のもう一つの側面であった。特務機関員は地域住民と接触しながら地域の軍政を助けた。傀儡政府が作り上げられた地域では、特務機関は政府と陸軍の間の連携を図った。特務機関員はしばしば顧問の資格をもって、政府に参加した。中国で何年も南京傀儡政府の顧問をしていた土肥原将軍がその好例である。

d　機関員と訓練

特務機関の組織の重要性は機関員の扱い方によって明らかになる。戦争前の指導者は高位で退役していた陸軍士官から選ばれた。彼らのうちの幾人かは日本の超国家主義的青年将校の派閥構成員だった。一九三六年にこのグループが起こした政治的暗殺事件〔二・二六事件〕後、彼らは追放されていた。彼らは新しい特務機関で、陸軍にとって非常に有用な能力を発揮した。彼らは組織の骨

格を当初から形成していたが、士官学校の特別に選ばれた卒業生の手助けを受けた。新しく卒業した士官たちの約三パーセントが特務機関に志願する機会を与えられたが、審査は非常に厳しく、一〜二パーセントのみが資格を与えられた。陸軍士官を除けば、相当数の文民の軍属と非日本国籍の人間が使われた。

(i) 陸軍将校

当初は陸軍将校が特務機関員を構成した。だが一九三七年の日華事変後、雇用の仕方が相当変わった。政治的そして経済的な中国への日本の侵略の結果として、特務機関はその活動範囲を非常に拡大した。政治問題、経済・通商の専門家が必要とされた。そのため、経済的・政治的部門は特別訓練を受けた文民たちに委託された。一方で、偵察や宣撫などの特別任務は未だに陸軍の掌中にあった。

(ii) 文民軍属

戦争勃発前、参謀本部のインテリジェンス部内には、国外居住者を含む多くの日本人軍属が登録されていたが、彼らはまとめて戦時中に雇用された。彼らの大部分は雇われるとき、工学技術、石油精練、財政などの分野での「専門家」であることが求められた。一方、言語能力のある者たちはたいてい、通訳、翻訳家、工作員または宣撫とプロパガンダの職員として雇われた。海外居住者の大部分は、戦争直前に召喚されていたが、若干の者は住んでいる国に留まるように指示されていた。彼らは抑留されないで、可能ならば情報を獲得して国外の連絡相手に報告したり、日本の侵略を待つことになっていた。日本に戻った者たちのある部分は特務機関に組み込まれ、侵略のための武力をもって再び南方に向かった。

特務機関の軍属には特別に選ばれ、「文官」になった者もある。彼らは高い教育水準を有していたが、特別訓練を受けなければならなかった。軍人に似た制服を着ていたが、異なった等級バッジを持っていた。

(iii) 現地工作員

多くの現地工作員が日本が占領を目ざす国々で雇われていた。戦争前に、選ばれた者たちは日本に送られ、そこで特務機関の厳しい訓練と徹底的な教化を受けた。そのあと彼らは工作員として自らの国に戻り、侵略勢力に割り当てられた。そうでない者は戦争時または占領後に雇われた。

(iv) 中野学校

陸軍出身の場合、性格、自己犠牲の精神、高度の知性、勇気と忍耐、そして体格の強靭さに応じて選抜された。所属部隊長によって注目された者がこの組織に推薦され、通常訓鍊期間中、何人もの将校たちが彼を注意深く観察した。これらの将校たちが、必要とする資質を持っていると見なすと、その人物は東京にある中野学校(特務機関)の入学試験を受けさせられた。この厳しい試験を通過すると、彼は名前を変え、家族から遠ざかり、市民の衣服を身につけた。三年〔三年は誤り。多くは一年以内で、例外的に一年半〕の課程を終えて卒業すると、工作員はいくつかの特別地域に送られ、そこで特務機関のためのスパイ行為を遂行した。学校での三年間に、生徒はスパイ行為、爆発物、全ての型の無線セットの操作、プロパガンダ、政治学、そして外国語の特訓を受けた。訓練のために、生徒は憲兵によって厳しく守られている工場地域に送られ、いくつかの建物への進入路を見つけるようにと指示された。生徒はいつも持ち歩いていた携帯ラジオセット〔報告書によると、サイズはたったの四インチ×六インチだった〕で司令部と接触するように指示された。

中野学校は特務機関員と憲兵隊員むけに一九三〇年〔一九三七年〕に設立された。

（v）昭和学校

昭和学校の正式名称は「昭和外国語学校」〔東亜経済調査局付属研究所〕だった。それは創設者、大川周明博士にちなんで「大川学校」としても知られていた。大川は著名な日本の国家社会主義者であり、有名なスパイで、一時「東亜経済調査局」の長官であった。彼は強烈な国家主義者の軍人と親密な個人的かつ政治的つながりを持っており、また一九三二年から一九三五年まで強力な国家主義者政党「神武会」の総裁だった。大川は個人的にこの学校を一九三〇年に創設し、主導していた。だが彼自身は財政的な基盤を持っていなかったため、国家主義者グループ、富裕な日本人や企業からの寄付によって、支援されていた。この学校は最終的には外務省によって統轄され、東亜経済調査局によって強力な財政的援助を受けた。名目上は、外国語〔英語、フランス語、ヒンドゥスターニー語、マレーシア語、シャム語など〕が教育の目的であったが、実際はインテリジェンス訓練センターを隠蔽するものであった。課程は二年間で、地理学、修身そして経済学も含まれていた。戦争に先立って、卒業生は日本の外国貿易を発展させるために海外に送られた。彼らは日本が貿易の新しい領域を広げるための、開拓者的仕事を行なうことになっていた。この目的のために、日本人生徒のみが入学の許可を与えられ、多くの卒業生たちが領事館または商社を隠れ蓑にして、海外に送られた。日中戦争が勃発すると、この学校は一般に、中国と大東亜共栄圏の工作員幹部の訓練を始めた。卒業生たちは外務省にとって最も有用であり、外務省は彼らに、派遣される国の長期間居住者になる覚悟を要請していた。

南方地域での戦争の結果として、海外事業への参入は限定的なものとなったが、同時に語学の訓練を受けた若者への需要は顕著となった。外務省はこれら卒業生たちを通訳として使い、ある者は公使館職員と大使館員の地位におき、他の者は陸軍や海外の商社にふり分けた。特務機関は必要な時に彼らを借りたが、特務機関に永久的に割り振られる者もいた。

(vi) 他の学校

他にも特務機関職員の訓練のために多くの学校が、戦争中に占領地域に設立された。

e　アプヴェールとのつながり

きわめて興味深い鹵獲資料がある。それは、アプヴェール〔ドイツ陸軍諜報部〕に似た組織が日本のインテリジェンス機関システムのなかにたしかにあったことを強く示唆している。ベルリンの外務省からカブールのドイツ公使へ送られたメッセージのなかで、日本大使館の樋口中佐は日本のアプヴェール機関の代表として記されていた。このメッセージはアプヴェール第二部の総司令部の依頼により送られたものだから、“Abwehr”という言葉が軽々しくは使われなかったと思われる。

アプヴェールでは、広範囲に散らばった工作員のネットワークを通じて得た情報を中央に統轄していた。それはスパイ、防諜、そして破壊活動を行なう組織を暗に意味する。それは日本の陸軍と密接に連携し、日本の外務省のインテリジェンス・システムから独立して働き、またそれとおそらく競合していたはずである。このような仕組みは事実、特務機関の一般的に受容されているイメージとぴったり合致する。ことに興味深いのは、日本とドイツのシステムの間に見られる類似点と相違点、特にアジアでの両者の接点である。

根本的に重要な相違点が一つある。アプヴェールは独立した世界規模のラジオ・コミュニケーションのネットワークを持っていたが、特務機関にはメッセージを送るための類似の独立したルートがあったという証拠は何もない。特務機関は陸軍が活発な展開を示す地域では、ラジオ回線の陸軍ネットワークと陸軍暗号に依存していた。外交のチャンネルが存在する地域では、外交ルートを通じて働かなければならず、可能な場合はいつでも大使館付武官を通じて動かねばならなかった。工作員たちが外交的あるいは軍事的暗号を何も持っていない敵国に侵入する時だけは、特務機関が独立した通信のチャンネルを使っていた。そしてビルマとインドのような敵国では明らかにアプヴェールに頼って、工作員たちがそこから提供された暗号を複製して使っているのを発見できる。このように通信手段の独立した回線を欠いている場合は、インテリジェンス機関と陸軍とのつながりはドイツよりも密接になった。

ドイツと日本の組織の間のもう一つの相違点は部門の位置づけにある。全体的にいってアプヴェールは配置される国によって組織が異なっていた。正規の外交的組織や他のインテリジェンス組織に加えて、マドリッド（スペイン）、リスボン（ポルトガル）、そして上海（中国）のように外国インテリジェンス機関の中心部門は、各国に一つの総司令部を形成し、その国の内部に散らばった工作員たちから最善と思われる情報センターへ情報を集め、ドイツへ送ったりしていた。日本の特務機関の代表者は、無線で報告する際、地域の大使館付陸軍武官を通じてこれらのことを行なった。この大使館付陸軍武官はその国内でのインテリジェンス収集工作の三つの拠点うちの一つにすぎなかった。他の二つは、海軍武官、公使あるいは大使で、これらがインテリジェンスのセンターを作り、各々が別々に工作員を持ち、彼らのリポートを東京へ送った。

あらゆる点から見て、日本のアプヴェールの現地部隊にあたる光機関の場合には、報告は全て陸軍のルートを通じて適切な受取人に伝えられていた。光機関は例えばビルマ、マレー半島、オランダ領東インド諸島、タイなど多くの国々において、訓練を受けたインド人が十分にいるところならどこでも実際にスパイ工作、防諜工作、破壊活動、プロパガンダのために組織化され、訓練を受けたインド人を使った支部を持っていた点で、ドイツのアプヴェールとは異なっていた。

上述したように、アプヴェールと光機関の接触のポイントは、工作員に与えられた暗号が明らかにアプヴェールによって全て教え込まれたものだったということにある。事実、光機関の手配でインドに上陸した工作員の幾人かはドイツのアプヴェール流に訓練されていた。捕虜の尋問から明らかになったのは、日本人の訓練がドイツでアプヴェールの手で行なわれ、その手法が東洋に伝えられたことだ。一九四三年九月にアッサムに上陸したインド人の無線工作員の第一陣もそうした教育を受けた連中であった。

3　憲兵

日本軍の警察、すなわち「憲兵隊」は陸軍の一部局であったことは明らかであるが、大半の他国の憲兵とは異なり、独自の方針を持つ組織体だった。彼らは反動的な国家主義の極右派の味方をした。以下の二つの主要な機能のうち、軍隊での規律保持は比較的重要ではない役割だった。この重要度の低い部門に携わった隊の構成員たちは、連合国の憲兵とまさに同様の義務を負っていた。彼らは「憲兵」の文字が書かれた白い腕章をまいて通常の軍服を身につけていた。

a　組織

東京の憲兵司令部は、陸軍総司令部の直轄下にあり、作戦司令部や陸軍空軍部と同等の地位を占めていた。彼らは憲兵隊業務のなかでは唯一の将官である中将によって指揮された。司令部は日本の本部と海外の占領地域を一連の司令部で支配していたが、満洲と南京とシンガポールでは総本部が存在し、その地区内の司令部を支配していた。満洲の主要な司令部は関東軍に、南京の主要な司令部は支那派遣軍に所属していた。シンガポールの主要な司令部は寺内〔寿一〕陸軍元帥の南方軍に所属していた。司令部の下に地区隊がより小さな都市に配置され、大尉と中尉が指揮していた。末端の各々の部隊は分隊を持っており、たいていは軍曹によって指揮され、より小さな村などに配置されていた。各分隊も分遣隊も、特定の陸軍には所属しておらず、単にその地域で軍隊と協同していただけだった。

ダ。

b　隊員――憲兵隊の四つの型

（ⅰ）正規　軍政総監部下の占領地域の大半の憲兵隊が、この範疇に入る。一般的規則として、正規の憲兵隊は、作戦要務令に反しないため、駐屯地の規則の下で公的に宣言されてはじめて陸軍警察から占領地域の警察力を接収した。職員は憲兵の制服（標準の陸軍の制服に、野戦帽、茶色の革のブーツ、ピストル、剣、「憲兵」の赤い布の文字が縫われた腕章）を着用していた。ある地域では、"Military Police"という英語を使っていた。これらの職員たちはいつも伍長かそれ以上の階級に属していた。

（ⅱ）補助　訓練期間中の憲兵業務への志願者たち。海外に送られた者の大部分は監督憲兵補、上等憲兵補、一等憲兵補の下士官だった。彼らは正規憲兵の補佐として同じ責任と権力を担い活動した。彼らは正規憲兵と同じ制服を着用したが、腕章はつけなかった。

（ⅲ）野戦（野戦憲兵）　戦争中のみ組織化され、日本大使館と海外の領事館の警官隊、そして日本からの外務省職員も含んだ。特務機関によって雇われた日本人市民は陸軍憲兵隊にもいた。彼らは制服も腕章も着用しなかったが、全ての憲兵隊と同じく、身分証明書を携帯していた。彼らはたいていは普通の市民の服装をしており、スパイ活動のために時には現地人に変装した。

野戦憲兵の義務は

（1）防諜　軍事情報の防衛、対抗スパイ行為と対破壊活動、対転覆活動、そして対プロパガン

（2）特務戦　プロパガンダ、スパイ行為、そして現地住民の懐柔、現地ゲリラ軍の訓練。

（3）戦闘インテリジェンス　密告者、偵察隊、斥候などとして現地住民を使うこと。野戦憲兵は、外交、外務省あるいは領事館元職員のような敵の領地についての知識がある多くの日本人から成っていた。

（4）野戦補助　特務機関と恐らく陸軍編成によって野戦憲兵の補助として雇われていた日本人市民。現地住民はこの仕事には雇われなかった。

c　機能

憲兵は市民を対象にした警察よりも、軍事に関する異変が発生した場合には、広汎な権限を持っていた。野戦憲兵は正規憲兵よりもさらに広汎な権限を持っていた。彼らは裏切った工作人、敵のスパイ、あるいは危険な人物たちを自らの判断で始末できた。

憲兵の司令部は二つのセクションに分かれていた。

（a）一般部門

（b）兵役部門

一般部門は方針、職員、規律、記録の問題と軍での思想管理に携わった。兵役部門は三つの主要な機能――訓練、安全保障、そして対スパイ行為――を持っていた。全ての地域で彼らの行なう広汎な義務とは、軍規の監視、安全上重要な軍事地帯の防衛、軍隊構成員の犯罪の摘発、第五列の摘発と逮捕、そして転覆的デマの粉砕であった。

憲兵隊は治安という意味でのみ、占領地域の現地の住民と外国人居住者に対して支配権を行使した。他のことでも、住民と日本軍との関係の調整に関してしばしば憲兵が相談を受けたが、本来は、その地域に割り当てられた地区隊長の責任だった。警察の権力は、政治的支持、一般的国内状況、現住民の性格と忠誠心、疑わしい行動あるいは出来事、破壊活動の調査や検閲などを含んでいた。憲兵隊は現地の工作員たち、日本人市民である雇用者たち、そしてインテリジェンス工作員からの報告に助けられていた。疑わしい全ての個人についての書類が保存され、憲兵によって分遣隊と支局を経て憲兵司令部にリポートが提出された。陸軍と特務機関もまた情報を受け続けていた。これらの任務は陸軍憲兵隊、陸軍補助憲兵隊、そして特務機関の現地工作員によって遂行され、インテリジェンス価値のある相当な情報がその過程で獲得された。憲兵隊によって提出されたほとんどのリポートはインテリジェンス・リポートというよりもむしろ対抗的スパイ行為の性質を持っていたが、陸軍憲兵隊と陸軍補助憲兵隊は作戦中でも価値のある情報を得る立場にあり、しばしば実際にそれを手に入れた。インテリジェンスと対抗的スパイ行為のリポートは両方とも特務機関に提出された。憲兵隊、特に補助憲兵隊は横柄で、しばしば権力を濫用した。彼らは陸軍の連中によって好かれてはいなかったが、彼らの権威は否応なく尊重されていた。

＊

一　訳者後記

日本軍諜報機関とくに陸軍の特務機関は諜報、プロパガンダ、破壊、転覆、第五列支援などを行ない、作戦目的達成後は傀儡政権への指導、連絡、防諜、宣撫などの治安活動を行なった。特務機関なくして陸軍の作戦は遂行できなかったといってよい。とくにその作戦に見られた冷酷、残虐の手法が連合国軍の特務機関への恐怖心と警戒感を煽った点では、憲兵隊と似ている。戦中から戦後にかけて、このような特務機関の研究リポートが各国諜報機関などの軍機関によって出されている。

これはオーストラリア陸軍参謀本部がまとめた三三〇ページに達する膨大な日本の諜報機関分析で、陸軍特務機関、海軍特務部、外務省、大使館、領事館のみならず商社、仏教団体、日本人クラブ、移民、新聞特派員なども対象になっている。また各論では各国とくに南方での日本の機関の活動を具体的に分析、叙述している。これほど幅広く、しかもかなり体系的、客観的に分析したリポートは、見当らない。マッカーサーの南西太平洋連合国軍のリポート、押収資料、捕虜尋問書だけでなく、オーストラリア軍自身の蓄積資料を活用している点に特色がある。

ただしここに記述されることが全て正確であるわけではない。戦勝国としての有利な立場で資料入手、捕虜尋問などを行なうことができたが、短い時期に作成されたため修正すべき点も多々見られる。明確な誤りには、適宜〔　〕で訳注を挿入した。しかし全体的には客観的な記述と判断し、そのまま翻訳した。

この原本は、山本武利編『第二次大戦期日本の諜報機関分析』第一巻（柏書房、二〇〇〇年）に全文収録されている。

Ⅱ

対中

第四章　「帝国」を担いだメディア

1　メディアと「帝国」

近代のメディアには大別して新聞、出版（雑誌、書籍）といった活字メディアと放送、映画、写真といった映像メディア、そして各メディアに情報を配信する通信メディアがある。日本が日清、日露戦争、第一次世界大戦、さらには満洲事変、日中戦争、アジア・太平洋戦争と対外的な「帝国」戦争に参加するにしたがって、これらのメディア内部には興亡はあったものの、全体としては読者、視聴者を増やし、企業として成長した。経済成長にともなう国民所得の上昇がメディアの発展の主因であったが、戦争とその報道を抜きにして、近代のメディアの発展が語れないこともたしかである。それは維新・明治初期の新聞、出版、明治中期の通信、大正期の映画、昭和期の放送といった新しいメディアいずれにも当てはまる。

対外的国威宣揚行動は平時から国民のナショナリズムを高めるが、それは戦争で頂点に達する。日本はこの近代、常に「帝国」を国内で形作り、国外では戦争という形でそれを膨張させた。メディアがいつも「帝国」にべったり寄り添っていたわけではない。体制擁護派だけでなく、体制批判派、打倒派が存在し、時の権力を震撼させたことも少なくない。しかし当初、戦争に批判的な論調であったメディアも、戦争勃発とともに主戦論に転換したし、非戦、反戦勢力はすぐに少数派になるか、権力に弾圧された。戦争は全てのメディア活動を「帝国」イデオロギーに収斂させるパワーを持っている。読者、視聴者が親族、知人、友人の消息や各軍の戦果に熱い関心を寄せ、メディアへの接触を重ねるからである。そのことから生まれる営業利益は巨額の戦争報道経費を補って余る収益を各メディアにもたらした。日清戦争からほぼ十年間隔で大小の戦争、事変に対応した日本のメディアは、短い「戦間期」においてのみ「帝国」勢力から距離を置いたり、「帝国」べったりの姿勢を自己修正させようとしたこともあったが、いざ戦争勃発となると、権力からの圧力だけでなく、その大きな収益から基本的には「帝国」への同調を変ええなかった。

たとえば新聞の代表格の『朝日新聞』を見るに、日清戦争では一八九三年の一三万七〇〇〇部から一八九五年の一六万九〇〇〇部に発行部数が増加した。日露戦争では一九〇三年の一九万五〇〇〇部から一九〇五年の二四万一〇〇〇部に増加した。いずれも二三%の増加率である。だが戦争終了とともに一八九五年から翌年には一九%、一九〇五年から翌年には一〇%減少した。ところが満洲事変以降つまり十五年戦争期には、戦争、事変がいったん終わっても部数が減少することはなかった。図1は昭和戦前期の東西の『朝日新聞』の発行部数の合計をグラフ化したものである（『朝日新聞社史』資料編、一九九五年、三二〇～三二一頁参照）。満洲事変では一九三一年の一四三万部から翌年の一八二万部へと二七%増えた。太平洋戦争まで同紙の部数は右肩上がりに一本調子に急増

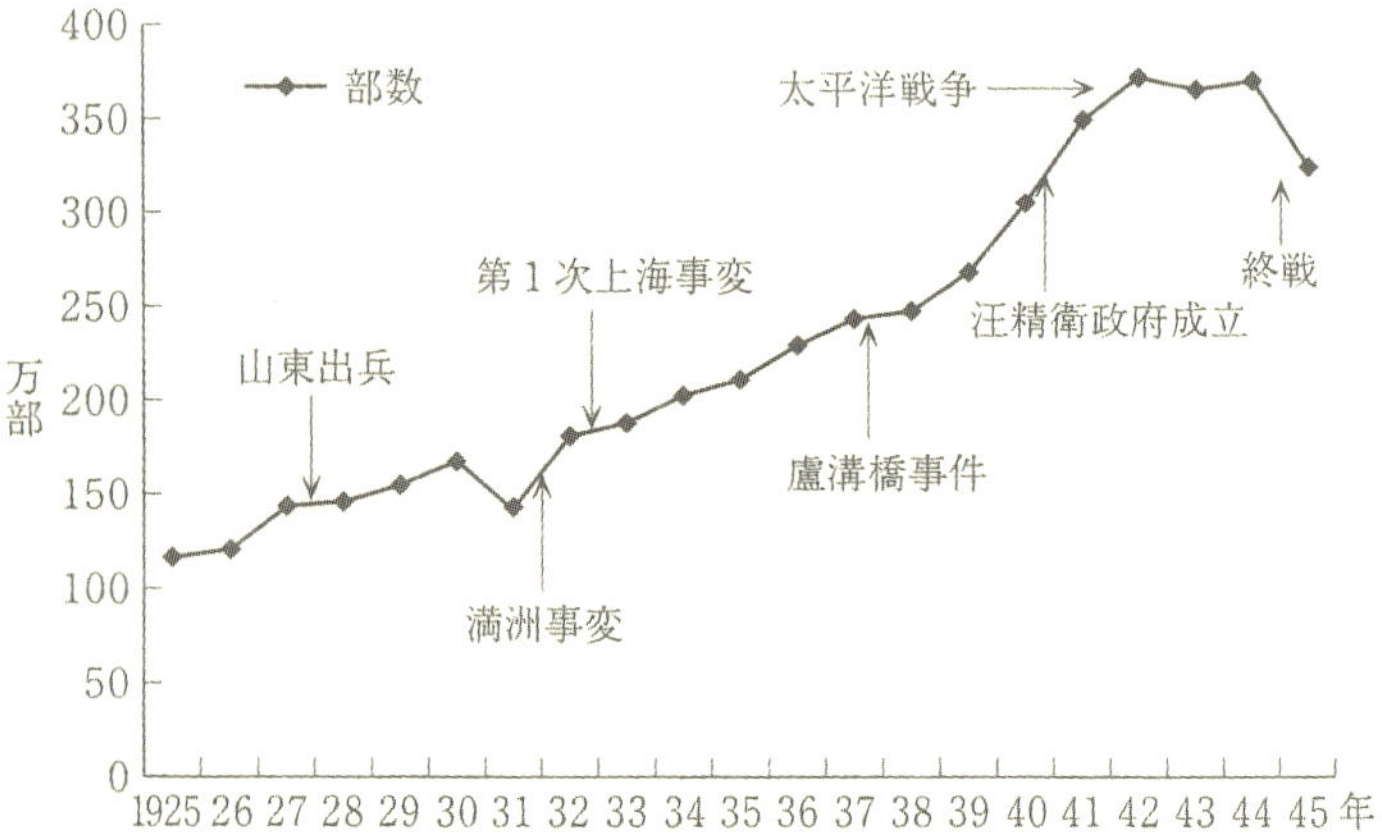

図1　昭和の戦争と『朝日新聞』の発行部数（1925〜1945年）

していることがわかる。とくに一九三七年の日中事変以来の日本の中国大陸侵略の拡大に呼応した派手な戦況報道が同紙を経営的に潤し、その業界支配力を高めたことを、グラフは如実に示している。戦争なしではとても『朝日新聞』の基盤は形成されなかったことがわかる。なお一九四三年以降の減少は戦況悪化による極端な用紙不足と業界統制強化によっている。

戦争に便乗したメディアが成功するのは古今東西を問わない。十九世紀末の米西戦争ではハーストの『ジャーナル』がセンセーショナルな見出しで国民のナショナリズムを煽り、部数を急増させた。二〇〇三年のイラク戦争ではアメリカのフォックス・テレビが米軍の戦車の先頭に取り付けたカメラ報道でブッシュ支持の世論を高めた。そのため他のニュース局も同局に同調し、視聴率獲得に狂奔した。そうして大量破壊兵器の存在を疑問視し、ブッシュに批判的なメディアや世論は少数派に転じ、ついには批判的世論は鎮静化した。

戦争の際、メディアを駆使した自国や敵国の民衆への心理的説得、操作活動は戦争プロパガンダ（宣伝）と呼ばれる。戦争で最高度にメディアのパワーを活用するのがこの戦争宣伝であり、それを担ぐのがメディアである。そして権力者や軍部はメディアを自陣に引きつけ、最大限同調させようとする。第一次大戦以降の総力戦において、ビラやポスターを使った巧みなイギリスの戦術・戦略が武力で優位なドイツを破ったことから、プロパガンダということばが軍事や学問の世界で市民権を得るようになった。日本でもプロパガンダ研究が一九二〇年代から始まったが、それは欧米のリポートを政府・軍部やジャーナリズムの一部の専門家が紹介、翻訳する程度であった。しかし日本が「帝国」の方向性を明確にするにつれ、対外的なプロパガンダ活動が顕著になった。そのため、プロパガンダとか宣伝という言葉の使用頻度が論文や著作で高まっていった。プロパガンダを重視した戦争は一九三〇年代から四〇年代では、ドイツではそのものずばりプロパガンダ戦と表現されたが、戦略、謀略の意味合いのあるプロパガンダということばを嫌って、イギリスでは政治戦、アメリカでは心理戦、そして日本では思想戦と呼ばれることが多かった。ともかく第二次大戦でのメディア利用の宣伝は活発だったため、その及ぶ範囲の広さと深さは第一次大戦の比ではなかった。

2　新聞に見るメディア統制と「帝国」への同調

一八六一（文久元）年に開港地の長崎、横浜に相次いで英字新聞が創刊されたが、日本人読者は幕府や大名など少数者に限定された。幕府要人はすでに翻訳新聞『官板バタヒア新聞』などで海外情報を入手していたため、新聞というメディアの存在を知っていた。そして幕府要人とは言えなかったものの柳河春三のように、開成所で翻訳新聞制作の指揮をとる者や長崎通弁や遣米使節随員として新聞への知識やその威力を認識した福地源一郎（桜痴）のような者が少数ながらいた。つまり維新期にいたっても、新聞が権力構造を転換させる武器となりうる可能性を持つメディアであるという認識は幕藩支配層に独占されていた。

皮肉なことに幕藩体制が危機に頻した一八六八（慶応四）年に、自由なメディア発行を禁止していた幕府の柳河自身が日本人による最初の民間新聞である『中外新聞』を創刊した。福地も『江湖新聞』を創刊した。こうした佐幕派ジャーナリズム活動は江戸の読者に歓迎されたが、風前の灯火であった幕府の救済にはつながらなかった。新政府はこれらの新聞を発行禁止にし、福地は逮捕され、死刑寸前に旧知の新政府高官によって釈放された。

明治初期に誕生した新聞発行者は柳河らの行動を観察していたし、旧幕府関係者が多かったので、「わが国の新聞紙も、明治初期に於ては、そのやうに啓蒙時代に於ける機能を相当の程度もち得たのであつて、そのいづれもは、やはり対立意識の表現としての新聞紙本来の性質を備へていた」（長谷川如是閑『新聞論』政治教育協会、一九四七年、二五頁）。つまり当時の政論新聞＝「大新聞《おお》」のすべてが、そして娯楽新聞＝「小新聞《こ》」の過半が発行者自身や政党、集団の持つ主張、考え、つまり「対立意識」を表現する宣伝のメディアであった。

「対立意識」は自由民権運動で最高潮に達した。『郵便報知新聞』、『朝野新聞』、『自由新聞』など民権派各紙は自由党、改進党などと密接に連携した活動で藩閥勢力を追い込んだため、政府は新聞紙条例や集会条例を公布して新聞の発売禁止処分や記者の逮捕、投獄を強行した。また『大阪朝日新聞』のような中立系の新聞への機密費の提供、政党幹部を兼ねる民権派新聞幹部への政府高官役職の供与などの裏工作を行なった。こうした硬軟の弾圧策で民権派新聞は中立系ないし穏健な論調に転換し、なかには『自由新聞』のように廃刊に追い込まれるものもあった。

『時事新報』、『日本』、『国民新聞』、『万朝報』のような「対立意識」は持ちつつも、政府や政党に属さない個性的な独立新聞が明治二〇年代に成長したのは、民権派新聞から離れた読者を吸収したからであった。しかし『国民新聞』は社主の徳富蘇峰が日清戦争後の三国干渉をきっかけに政府高官になったことによって、政府への「対立意識」を捨て去った（逆に民権派への「対立意識」を主張）。さらに日露戦争直前では『万朝報』が読者の反露ナショナリズムに押されて非戦の主張を取り下げて主戦論を展開したため、同紙を退社した幸徳秋水、堺利彦（枯川）は非戦論の『平民新聞』を創刊した。しかし『平民新聞』も政府の弾圧で廃刊となった。

このように日清戦争以降も、対外戦争が起こるたびに、政府は権力への「対立意識」の強い新聞を強権で弾圧したり、懐柔したりするようになった。一方、『朝日新聞』のような「不偏不党」を称する新聞は、政府派、反政府派を読者に取り込む営業努力をするようになる。そしてこうした「商品新聞」が日露戦争以降、急成長する。

『大阪朝日新聞』や『大阪毎日新聞』は東京でも姉妹紙を発行したため、全国紙化そして両紙による独占化が助長され、「新聞トラスト」に進み始めるのが日露戦後から大正期にかけてである。後者の社長であった本山彦一は一九二二年に「新聞紙も一種の商品なり」と堂々と主張し始める。

その前の一九一八年の米騒動に際し、『大阪朝日新聞』は政府への激しい「対立意識」を高め、寺内内閣責任追及のキャンペーンを行なった。そして「白虹日を貫けり」という文句が挿入された記事が安寧秩序紊乱にあたるとして、発行禁止処分を受けた。そして同紙は村山龍平社長を一時退任させ、編集幹部が大量辞任となった。さらに紙上で「近年の言論頗る穏健を欠」いたと反省する謝罪文を出し、あくまでも「不偏不党」の原点に戻ること、そして「公器」となることを宣言した(山本武利『新聞と民衆――日本型新聞の形成過程』紀伊國屋書店、二〇〇五年、一九一～一九七頁参照)。

この白虹事件以来、『大阪朝日新聞』の「対立意識」はさらに弱まり、シベリア出兵などの「帝国」拡張の軍部の路線を追認するようになった。なるほど同紙の社史においては、米騒動後も右翼の社屋、幹部への襲撃や在郷軍人会の不買運動の示唆など嫌がらせは他の大新聞よりも目だったと記している。しかし反政府への論調が弱まったことはたしかである。たとえ一九三一年の満洲事変の際に、同紙の整理部において「満洲は中国の一部」とする主張をもつ幹部が存在したとしても、それは少数派で、緒方竹虎編集局長による満洲事変是認の社論の統一方針決定によって、東京と大阪の『朝日新聞』はその後の軍部の侵略行為を追認するどころか同調・支援の動きを強めることになった。

長谷川如是閑はこの満洲事変の起きた年に、「人間、殊に新聞記者のやうな人間に、あり得べからざる標語が掲げられ、記事内容にも判断にも特殊の色彩の現はれることを極力避けようとする〔中略〕。具体的の対立的の立場を離れて、中傷的の一般的感情内容を摑まうとする。これは官能的の劇作家が、劇の感情内容を、具体的の対立的葛藤に求めないで、抽象的な、類型的な感情昂奮に求め、一般的の感傷性に訴へようとするのと同じ」といって、「厳正中立」とか「不偏不党」を厳しく批判した（長谷川如是閑、前掲書、二一〇頁）。この際、白虹事件で自ら退社した『大阪朝日新聞』への名指しは避けているが、彼の念頭には「不偏不党」の「商品新聞」の典型として同紙があったこと、そして「不偏不党」や「公器」の宣言は集団的次元の「対立意識」的宣伝を放棄し、「類型的な感情昂奮」に投じた国家のための宣伝を行なうことを表明したもので、同紙の方向転換を転落と見なしたことはたしかである。

実際はその後の『朝日新聞』は如是閑の予想を超えた行動を示した。同紙は一九三九年に『大陸新報』という軍部肝いりの国策新聞の上海での発刊に協力するばかりか、『新申報』などの漢字新聞も支配下に置き、さらには『満洲朝日新聞』の発刊を現地政府に働きかけた。さらに一九四四年に中国新聞協会を南京傀儡政権と協力して設立し、中国の新聞全体を支配する野心を推進していた（山本武利『朝日新聞の中国侵略』文藝春秋、二〇一一年）。他の主要紙も占領地で軍の委託で日本語新聞を発行したが、それは前線の将兵や軍関係者の陣中新聞に過ぎなかった。『朝日新聞』の「帝国」主義的野心は他紙を圧していた。これは「帝国」への同調・追随の宣伝機関を超えた、メディア「帝国」そのものになることであった。

3　満鉄、「満洲国」に見るメディア利用の宣伝・宣撫工作

南満洲鉄道（満鉄）と「満洲国」は、日本のメディア利用の「帝国」的宣伝の大規模な実践の場

であった。一九〇七年創設の満鉄調査部は、経営活動を的確に行なうための情報収集と分析を行なってきた。また一九二三年にはPRや宣伝を行なうための専門部門として弘報係を置き、満洲の内外を対象とした活動を行なってきた。情報収集・分析の重視、宣伝部門の新設や、植民地企業としての特異な経営形態とそれに対する企業防衛認識と対策は、創業時の後藤新平総裁の鋭い経営感覚を反映させたものであった。彼は創業まもなく調査部や東亜経済調査局を設置し、情報分析に力を入れた。さらに弘報係は各メディアを使って主として満洲族、漢民族向けの広報活動に乗り出した。そして一九三一年の満洲事変と翌年の「満洲国」建国がその経営姿勢をより積極化させることになった。弘報係が一九三六年に総裁室弘報課に拡充されたとき、人員は約一〇〇名、経費予算は六〇万円に膨らんだ。

「満洲国」建国の一九三二年に一国一通信社の方針で満洲国通信社が設立されたが、その設立の背後には、満洲事変を起こし、同国を設立するという謀略を実行した関東軍という日本陸軍現地部隊のメディア統制、世論誘導の断固たる姿勢があった。その後の満洲のメディアや宣伝活動の動き全てに、関東軍が見え隠れするようになった。関東軍から相対的に自立していた満鉄でも、満洲国弘報処が樹立された際、それに呼応して社内の弘報課を拡充させた（第6章参照）。

関東軍は国務院総務庁に命じ、弘報処を新設させた。弘報処は監理科を中心に「満洲国」内のメディアを統制・監理し、満洲族、漢民族、朝鮮族、蒙古族と日本民族という五族の協和のために、メディアによる宣伝活動に力を注いだ。この最終目的が他民族の日本化、皇民化にあったことは言うまでもないが、「満洲国」の傀儡的イメージを払拭し、国際的な認知を高めることが対外的宣伝の主目的であった。一九三八年時点では外国人記者は上海に一三〇人、天津、北京に各三〇人いたというが、彼らの結成するプレス・ユニオン（記者クラブ）への工作を弘報処宣伝科が重点的におこなった。その工作には日露戦争時の本土の「新聞操縦」に似た買収・接待とともに日常的な情報提供が含まれた。満洲や中国に所在する各国ロータリー・クラブや商工会議所、外交機関などへの情報提供も熱心になされた。

弘報処や満洲弘報協会のように「弘報」という文字を付けた機関が氾濫するのは、満鉄初期の弘報係に見られる広報・宣伝活動が「帝国」形成に貢献したとの評価が支配層に高かったからである。このメディア統制機関は「満洲国」の存続を図る戦術・戦略を早くから採用していた。それでも満鉄が培養した土壌のなかで、関東軍も「満洲国」も満鉄の宣伝の戦術・戦略を学ばざるをえなかったが、弘報処には満鉄では目立たなかった軍事色や謀略色が濃く出ていた。宣伝活動と連携した宣撫活動を重視したところにそれが端的に見られる。それは「満洲国」が軍事的陰謀によって生まれた傀儡国家樹立であったことを反映している。そして「満洲国」での宣伝・宣撫活動は、日本の一九三〇年代以降の「帝国」の植民地や占領地とくに中国本土でのメディア活動や宣伝活動の方向性を形づくった。

満鉄では沿線の治安確保のために創業時から宣撫活動を社員自身が行なっていた。それを行なう部局は鉄道警務局愛路課といわれた。もちろん愛路課を中心とする宣撫工作は「満洲国」に弘報処ができてからも継続された。それどころか「満洲国」の初期の宣撫活動は満鉄が担っていたといって過言ではなかった。関東軍の支配が拡大、強化されてきても、武器を持たない満鉄社員による沿線住民にたいする人心収攬のための広報活動とそれと連動した宣撫工作が継続されていた。しかし愛路課の活動対象は沿線周辺に限定されていた。ところが弘報処の宣撫班は満洲全土、とくに満鉄沿線から遠い僻地を担わねばならなかった。そこでの宣撫活動は、武力で制圧した地域の民衆の反乱・反抗を抑圧するために占領軍やその支配政府が行なう文化的工作である。

宣撫班の主たる対象は、盗賊団や馬賊の出入りする地域よりも共産党系、つまり「共匪」の出没する根拠地であった。北部からはソ連、南西部からは中国共産党の影響を受けた赤いパルチザンが浸透し、抗日勢力と連携し、「容共抗日」活動を活発化するようになった。そこで親日的民衆を組織化した協和会を媒介にしたり、弘報処の宣撫班が民衆に直接接触したりして、彼らを馴化させる全満洲的な活動が展開された。とくに国境地域では共産党対策に重点を置いた「匪民分離」の宣伝・宣撫工作がなされた。そうした共産党の潜入する土壌を除去するために、軍隊のゲリラ討伐の最前線に重点的に投入されたのが無防備の宣撫班員であった。

さらに宣伝・宣撫活動における活字メディアの活用法も「満洲国」は満鉄に学んだ。満鉄調査部の『満鉄調査月報』などの刊行物や弘報処庶務係の課内刊行物に倣って、一九三六（康徳三）年七月に宣伝・宣撫研究情報誌の『宣撫月報』を創刊した。同誌は一九四五年一月発行の七三号まで所在が確認されている。

『宣撫月報』は思想戦における宣伝活動よりも、治安工作における宣撫活動に主眼を置いて創刊された（第六章参照）。いずれにせよ、宣撫、宣伝活動はともに樹立されたばかりの「満洲国」においては、それぞれの活動の成否が国家の興隆に関係するものとの緊張感に包まれていたため、「戦士」たる宣撫工作担当者のための有力な武器として同誌が創刊されたことがわかる。実際に中央、地方の「戦士」のネットワークを緊密化するメディアとして創刊された同誌への期待は大きかった。

市販されていないため、政府内部で活動のホンネや結果がかなり率直に登載された点に『宣撫月報』の資料的価値がある。号を重ねるとともに、編集部の記事や翻訳だけでなく、満洲政府やメディア関係者さらには本土の専門家なども寄稿するようになる。それがもっとも充実したのは一九三九年度で、七・八月号の映画特集号、九月号の放送特集号のように一号だけで三百ページを超える分厚いものも現われている。この二つの特集は宣伝とくにメディア研究のオムニバスというべき構成である。そしてイデオロギー的抽象論よりも実証的な内容が豊富で、現在でも読み応えがある学知が散見される。その他の号も内容は多彩である。寄稿者も幅広い。

英米、ドイツ、ソ連、支那という区分けで多種多様な関連情報が選択掲載されたのは、常時厳しい国内・国際関係のなかでの緊張感と客観的な情報ネットワーク構築の姿勢の強さを反映している。『宣撫月報』は、社会科学的分析で本土のもろもろの研究誌の水準を超えていたといわれる『満鉄調査月報』の宣伝・宣撫版といってよかろう。

4　満洲、本土での欧米「学知」のしたたかな吸収

宣伝・宣撫工作の実践は日本の支配層のメディア対応のノウハウを磨くことになった。その最先端はやはり満洲であった。『宣撫月報』一九三九年二月、三月号に掲載されたアルフレット・シュ

トゥルミンガア「世界史における政治宣伝」（仲賢礼訳）は、ナチ台頭前のドイツ学者による宣伝史研究である。しかし同誌には一九三八年二月号の「ナチス独逸の宣伝運動――ゲッペルス指導下の宣伝機関」や一九四一年六月号の今泉孝太郎「ナチスの宣伝理論と方法」のようなナチズム的宣伝論の類も当然ながら多い。

一方、一九四一年六月号の別役憲夫「ソ連の新宣伝組織」や一九四一年十一月号の松川平八「ソ連の対支ラテン文字工作概況」のようなソ連の理論や活動の紹介は、太平洋戦争開戦前後から増える。さらに高橋源一「支那史上に於ける政治宣伝の研究」が一九三九年一月号から一九四〇年四月号まで長期連載されているように、宣伝や宣撫の成功には中国人や国民政府の考えをまず学んでから前進しようとする編集スタッフの姿勢が伺える。

ここで注目したいのは、『宣撫月報』では日本本土で紹介されることの少ない英米のプロパガンダの翻訳が掲載されたことである。その代表は一九三八年八月号から一九四〇年十一月号まで断続的に掲載されたシカゴ大学助教授（当時）ハロルド・ラスウェルの『世界大戦に於ける宣伝の技術』（原著、一九二七年刊）の全訳である。これはアメリカ行動主義政治学者による第一次大戦の宣伝の理論的実証的宣伝研究の画期的な研究として欧米で刊行時から高い評価を得ていた。おそらく同書の評判を英書ないし英文雑誌から入手した編集部が、東京の関係者に翻訳を依頼したのであろう。訳者の小松孝彰には「日本内閣情報部」との肩書きが付いている。なお一九四〇年には、これをまとめた本が『宣伝技術と欧洲大戦』というタイトルで、同じ訳者名で東京の高山書院から出版された。

キャンベル・スチュアートの「クリユハウスの秘密」は、一九三八年九月号から一九三九年一月号まで編集部の手によって全訳が掲載された。その初回冒頭には、「宣伝統制の問題が識者間はもとより世界諸国の各国家的関心事である際、殊に我が満洲国の現状が複綜せる国際的諸情勢の裡にあり、いつ有事の勃発せんとも計り知れず、従つて非常に強力な組織的宣伝が必要とされている秋、本稿が之に対する貴重な示唆と参考資料になるであらう」との編集部のコメントが載せられている。

またアーサー・ウィラート「国際問題と宣伝戦」を編集部が『宣撫月報』一九三九年二月号で訳載した際、この論文は「英国の国際宣伝に就いて論じたものでありますが、他山の石として思ひ当る節が多々あります」と記している。内地の内閣情報部がドイツ語中心のナチ関係の文献を内部資料として「情報宣伝研究資料」という叢書（津金沢聰広・佐藤卓巳編『内閣情報宣伝研究資料』として一九九四年に柏書房が復刻刊行）名でせっせと翻訳しているときに、『宣撫月報』では国家的な危機感をもって、ファナテックなナチ関係書よりも有事に役立つ実践的、合理的な欧米の学知を導入しようとしていたことがわかる。なお「情報宣伝研究資料」第十一輯にあったレオナルド・ドーブ『宣伝の心理と技術』の第十六章「戦争・平和・

図2　ラスウェル『宣伝技術と欧洲大戦』

宣伝」が同誌一九四一年二月号に弘報処宣化班の吉野豊によって訳載されている。それは内閣情報部の翻訳よりも丁寧で、読みやすい。

敗戦色が濃くなった一九四四年十一月号でも、同誌編集部は「敵米英対日戦略宣伝の解剖」という記事をまとめた際、ラスウェルを「敵米国に於ける有数の謀略宣伝研究家」として冒頭で紹介し、彼の対日ビラ分析に付言し、さらに「愈々敵の連続的本土空襲が間近に迫り、我が満洲国にも空襲必死を予想せらるる現在、ラスウェルを始め敵米英に於ける其の道の専門家達の著書を検討し、以て彼等対日満戦術謀略の奥の手を解剖してみる」と、敵の宣伝の学知を学び、現実的な防衛策を講じようとしている。同誌「創刊の辞」にあるイデオロギーを超えて「真摯に科学的な研究」を行なおうとする姿勢がこの戦争末期でも貫かれていることがわかる。

本土では『宣撫月報』のような専門誌はなかったが、宣伝を論じる著書の点数ははるかに多い。「思想戦」というタイトルを見ただけでも、内閣情報部編『思想戦展覧会記録図鑑』（一九三八年）のような政府機関のもの、大日本言論報国会編『思想戦大学講座』（一九四四年）のような半官半民機関のもの、さらには思想戦研究所編『思想戦研究所設立ノ経緯ト其ノ業務』（一九四一年）のような民間機関のものと、発行主体も多様である。しかし多くは、皇国史観に深く色づけられた時局迎合の学者や評論家の「帝国」賛美の宣伝論である。

そうしたなかで戦後に通じる学知を潜在させる著作が散見される。ラスウェルの著書が『宣撫月報』で翻訳完成直後の一九四〇年に出版されたように、日本本土でも太平洋戦争直前に欧米の学知を学ぼうとする姿勢が出てきた。戸沢鉄彦（京城帝国大学教授）は『宣伝概論』（中央公論社、一九四二年）と『宣伝戦の史実と理論』（中央公論社、一九四四年）でラスウェルの宣伝の所説に言及している。もっとも戸沢は後者の著書の冒頭にラスウェルを引き合いに出しているが、内容は第一次大戦の宣伝の経過を論じるだけで、第二次大戦についても、ラスウェルやナチについてもまったく言及を避けている。これに対し、小山栄三（立教大学教授）の『戦時宣伝論』（三省堂、一九四二年）はラスウェルの著書を英文、翻訳書ともに文献一覧にあげているだけであるが、本文ではナチにも、大東亜共栄圏のイデオロギーにも言及しているし、ラジオなどメディア利用の宣伝活動の欧米や中国、南方戦線での最近の具体例を紹介している。しかし小山はナチや日本軍部の宣伝を称揚する姿勢を露骨には示さない。彼は「宣伝形態は集団的イデオロギーの一分節であり、それによつて自己の利害を擁護し、防衛し、敵のイデオロギーと戦ふ武器である（中略）宣伝は既に存在するものを否定し、変革することを目的とした自己肯定のための観念上の競争の形態である」（三〇頁）と述べる。

戸沢、小山の宣伝論を整理した米山桂三（慶応大学教授）の『思想闘争と宣伝』（目黒書店、一九四三年）は、「宣伝とは、現実に見出される観念の対立を、特に相手方の衝動・欲望・情緒等を喚び起すやうな暗示的手段を用ひて、相手方の自由意志を阻害することなしに、しかも相手方の無意識性を通して、これを宣伝者の望む方向に操縦してゆく過程として、宣伝者と被宣伝者との相互作用の上に生ずる現象」（二二〇頁）と概念規定している。「帝国」イデオロギーに触れない本の刊行は許されないという当時の出版事情から、ここで東亜圏やナチの理論を若干紹介しているが、米山はこの本全体ではイギリスの自由主義に立脚した議論を展開している。つまり戸沢、小山、米山らは講壇研究者の世界では傍流であったが、彼らの宣伝論は時流に迎合する姿勢は避け、時代やイデオロギーを超えた中立的な宣伝概念を基本的にもっている。つまり彼らの概念は、長谷川如是閑の「対立意識」という新聞論＝宣伝論に相当するといってよかろう。

ところで先のドーブの『宣伝の心理と技術』は、一九四四年に春日克夫（前情報局嘱託、日本大学宣伝科講師）の新訳『宣伝心理学』として育成社弘道閣から刊行された。訳者「あとがき」によると、この訳刊に便宜を与えたのが情報局の情報官であった。支配層のなかにも敗戦濃厚となってアメリカの学知をしっかりした訳本で本格的に学ぼうとする気配が起きていたことがうかがえる。またこの「あとがき」には、「米国の戦時情報局はエルマー・デーヴィスを局長とし、ホイト、シャーウッド、バーンズ、ラチモア、アイゼンハワー、マクニッシの如き優秀な宣伝人を登用し、人数と資金に物を言はせる一方、過去十ヶ年に亘る社会学研究の成果を生かしつつあるのである。然らば米国人は三〇年代以降に於て宣伝について何を学んだのかといふことを知ることは、彼等の今日実践しつつある所謂米英的謀略の根底を窺ふ上に於て興味深いものがある」と述べている。これは戦前日本の著作に現われたアメリカの戦時情報局や幹部名に関する珍しい記述と思われる。本土に大量投下されるビラを作成したり、ＶＯＡのラジオを指揮したりする戦時情報局について、日本の情報機関もようやく調べ始めたことがわかる。またこの訳書刊行の意図は、先の『宣撫月報』のいう敵の「奥の手の解剖」という記述と通底している。

軍、政府の支配層は、第二次大戦を通じてサンフランシスコからの短波、そして戦争末期にはサイパンからの中波ラジオに直接・間接に接触することによって、戦況をかなり正確に把握していた。

これは、グルーやライシャワーが戦争初期にワシントンで主張していた長期的な対日ラジオ宣伝の戦略のアメリカ側の成果を示すものであった（山本武利『ブラック・プロパガンダ』岩波書店、二〇〇二年、二七八頁）。アメリカ放送からの敗軍ニュースの密かな摂取や間断ない空襲、投下ビラは、支配層間に敗戦必至の暗黙の了解ないし世論を浸透させていた。それに対し、日本の新聞や国内ラジオにしか接触できない一般国民は、そうしたメディアの流す大本営発表ニュースで日本の勝利を信じていた。第二次大戦後のブラジルなどの日系人社会では、日本からのラジオ・ニュースのみへの接触が大戦での日本の勝利を信じる「勝ち組」を培養していた。日本本土の民衆はいわばブラジル日系社会での「勝ち組」に似ている。一方、日本の敗戦をアメリカのラジオ情報で戦中から確信していた支配層は、ブラジルでは「負け組」であった。しかも「負け組」は日本同様にブラジルでも支配層に多かった。戦後のブラジルでは「勝ち組」と「負け組」とで流血の抗争が起きた。ただ日本では、情報環境の孤立したブラジル日系人社会に比べて敗戦の情報や気配が体感できたため、「勝ち組」の勢力は弱かったし、「負け組」が占領軍の政策に早い段階から協力したため、抗争は回避された。

メディアや宣伝といった学界を見ると、戸沢ら宣伝研究者は「勝ち組」を偽装しながら、実は「負け組」として英米の学知を吸収し、戦中からそれを自己の著書にしたたかに挿入しつつ、敗戦後に備えていたといえよう。したがって日本政府・軍の宣伝機関に協力していた小山が終戦の年に占領軍の世論調査課の顧問になったように、アメリカ的なメディア研究を受容するソフトランディングの土壌が学界全体に培養されていた。

5 「帝国」を担いだメディア人と学知

新聞、雑誌メディアの分野で活躍した人物を見ると、古い時代の人ほどメディア論その他で学知と呼べる多彩な業績を残している。とくに明治前期は多彩であった。啓蒙的ジャーナリストであった福沢諭吉は「西洋近代の思想によって、伝統的観念を再検討する立場をとり、理論と実際の両面に亘つて啓蒙的役割をつとめたことが、その時代に大きい意味をもつたのであり、それが国民的要求に合致したために、その普及力は驚異に値するものであつた」（長谷川如是閑、前掲書、二四頁）。また旧日本の伝統的意識形態に対して、科学的、実証的に批判を加えようとする機運が強かった明治前期において、「経済学者で歴史家で、『東京経済雑誌』と『史海』の主宰者であった田口鼎軒博士の如きは、その先頭に立つたものであつた」（同、二六頁）。

ところが新聞が「対立意識」を失い、万人向けの「嗜好品」になってきた明治後期には、「いはゆる大新聞の新聞記者としては、犬養毅、尾崎行雄、陸実《くがみのる》、三宅雪嶺その他の多くの一流の新聞記者が総退却し、小新聞に於ては内村鑑三、幸徳秋水、堺枯川その他の諸氏が退却したのであつた」（同、二一六頁）。ここにある「小新聞」とは『万朝報』のことで、幸徳、堺は同紙を拠点とした社会主義的言動で体制変革を図る最初のジャーナリストであった。彼らや彼らの系譜の人々が発行する「無産階級の新聞」は常に弾圧の対象になったが、その編集方針は権力打倒という「対立意識」を堅持している点で、「正確に「新聞」の目的に一致」していた（同、二一二頁）。さらに彼らは「冬の時代」に権力との法廷闘争を行なう際に「商品新聞」をつかった情報戦を演じたり、糊口を得るべく広告コピーライター集団として売文社を創設したりするような機略を縦横に用いていた。白虹事件で退社した鳥居素川や長谷川如是閑、大山郁夫らは藩閥政府への「対立意識」を持つ「商品新聞」の最後の記者であったと言えよう。また『中央公論』の滝田樗陰や『改造』の山本実彦は「対立意識」を持つ雑誌編集者として、「商品新聞」から「退却」したこうした記者に論壇を提供し、大正デモクラシーや社会主義のイデオロギーを知識人に浸透させるのに大きな役割を果たした。

如是閑は満洲事変の起きた時点で、「今日、個人的意見の強硬なものは、資本主義的新聞社の記者たり得ないといふのは、彼等の党派的又は階級的関係が新聞社のそれと異るといふことからではなく、商品新聞たるものは、決して特定の社会的感覚を現はすものではなく、単なる心理的感覚を刺戟すべきものだからである。昔は新聞紙の神経中枢と見られた論説欄が、今日ではあまり重視されなくなつたのも、それらの関係からである」(同、二一六頁)と同時代の新聞を分析した。たしかに白虹事件以降に台頭した記者で、当時からその論説が引用される者は少なくなった。さらに十五年戦争期になると、新聞そのものが「帝国」志向と「心理的感覚」とを巧くミックスしたセンセーショナルな記事の書ける報道記者を論説記者より重視したからである。

ファシズム期の記者は個人的には権力批判の心情を抱いていたかもしれないが、新聞社の終身雇用の集団に埋没し、結果的に「帝国」日本の流れに掉さすメディア人であった。これに対し権力との親密な関係を自他ともに認める徳富蘇峰もまた、昭和初期にみずから創刊し、維持してきた『国民新聞』を経営難で手放し、『東京朝日新聞』のライバル紙の『東京日日新聞』の顧問として、また大日本言論報国会長として、ファシズムを代弁する論客となった。ファシズム期に活躍したメディア人には当然のことながら、権力への「対立意識」はなかった。彼らには学知はなく、あるのはせいぜい経験知で、「帝国」批判の列強や抗日勢力との「対立意識」であった。

通信業界を一国一社にした立役者の同盟通信社社長・古野伊之助は、通信業界だけでなく新聞界や広告界などメディアの世界のファシズム的統一を推進した張本人であった。「満洲国」では五民族間の対立の解消、とくに日本人への叛乱防止のためにラジオを活用した。しかしラジオを運用したのは弘報処や満洲電電会社のメディア・テクノクラートであった。大衆操作のために映画が有効なメディアという認識を深めた軍部は、甘粕正彦を満洲映画協会理事長にし、上海では既存の中国映画資本や人材を活用するとともに、日本から川喜多長政を呼び寄せた。国際的な宣伝戦略を打ちたて、効果的な企業統治を実行する任務があった満鉄から、関東軍はメディア戦術・戦略を学び、それを支那派遣軍に継承させようとした。上海、南京でインテリジェンス工作を推進した中支軍将校、影佐禎昭、馬淵逸雄のメディア活用法は関東軍よりも冷徹かつ謀略的であった（山本武利『朝日新聞の中国侵略』文藝春秋、二〇一一年参照）。

前に引用した長谷川如是閑の文章に登場した明治期のジャーナリストはいずれも、二十一世紀の今も読み応えのある論説や記事を残した。藩閥批判であれ、擁護であれ、彼らは「対立意識」をもって、日常起こる問題を歴史的、総合的に分析、論評できる自己の立場や視点を持っていた。彼らの多くは欧米学説のアプリオリな適用ではなく、日々の厳しい諸勢力との接触や観察から帰納的に習得した独自の分析力、批判力を持っていた。そこには「学知」と呼べるほどの体系性はなかったかもしれない。だが毎日の事象を追い求め、報道するメディアのジャーナリズム機能を生かし、メディア編集・経営責任者としての人生をかけた言説を読者に発信していたからこそ、彼らは生命力を持ったメディア論や政治論などを残した。その日常性、時事性、実践性、在野性ある行動のなかで経験知を蓄積させ、それを学知レベルに昇華させようとした。

これに対し、社会科学や人文科学の分野で明治期の帝国大学教授の論文なり著書がどれほど現在読み継がれているだろうか。彼らの多くは「対立意識」を持たず、あるいは日本の現実の問題を解決しようとする学知を追求する姿勢もなくて、丸善からいち早く入手した欧米の学説を翻訳・紹介し、「帝国」の勲位を得ることにあくせくしていた。したがって彼ら学界主流者は、明治期のジャーナリストよりも学知のレベルが低かったと評価せざるをえない。

「帝国」日本の支配者はメディアの民衆への影響力、とくに世論操作機能に着目し、民衆をメディアによる宣伝で操作・誘導する一方、「対立意識」をメディア界から抜き去り、「帝国」の担い手にした。支配者はジャーナリストを「帝国」大学の教授と同等の道具に位置づけ、利用しようとした。村山龍平、本山彦一などの大新聞の経営者を勅撰議員に選び、「帝国」からの恩恵を与えた。メディア人はこれを名誉と見なした。よくいえばメディア関係者の民間的知恵や営業的工夫、悪くいえば大衆心理に迎合した編集スタイルが、教育よりも国民に「帝国」イデオロギーを浸透させるのに寄与した。学校教育が「帝国」自身の行なう国民へのイデオロギー注入の国家的活動とすれば、メディアの活動は民間的、営利的なものであったが、少なくとも教育を補完する機能をもっていたといえよう。

第五章　日本軍のメディア戦術・戦略――中国戦線を中心に

1　満洲事変までの「新聞操縦」

藩閥政府や軍のメディアへの関心が高まったのは、日露戦争前後である。明治前期に各役所や政党本部に誕生した「新聞記者溜所」とか「新聞記者控所」と呼ばれていたものは、その頃から「記者倶楽部」とか「記者会」と呼ばれだした。陸軍省の記者クラブの場合は一九〇四年から「北斗会」と呼ばれた。焼打ちなど日露講和条約反対の民衆のデモに神経を尖らせた各省が新聞記者に広い部屋を提供したり、接待を行なったりして、新聞を通じた世論操作を意図的、積極的に行なうことになった[1]。同じ頃、海外での対日世論工作のために外務省は「外国新聞論調及輿論並外国新聞操縦」という費目の支出を急増させた。ここでいう「新聞操縦」とは、機密費を使った外国新聞社や外国人記者への露骨な資金提供（買収）であるが、その総額が日清戦争では一九万円、義和団事件では六七万円にすぎなかったものが、日露戦争では三二八万円になった[2]。こうした新聞への取組みが奏功して、政府は国内では民衆の藩閥批判を逸らさせ、対外的には黄禍論を抑え、戦債募集や講和締結を行なうことができた。ともに政府と軍を握った長州閥の桂太郎の卓越したリーダーシップに基づくメディア利用であった。

が、日露戦後から昭和初期にかけては日本の国運をかけた大戦争はなく、比較的平和であった。軍が内外の世論対策のために資金提供のような「新聞操縦」を行なうことは少なくなった。それでも最初の総力戦がなされた第一次大戦で、武力的優位のドイツが敗れた原因が連合国とくにイギリスのメディア戦術、宣伝戦略での優劣にあるとの分析結果が日本の関係筋にも届いてきた。『独逸プロパガンダの研究』を一九一八年に翻訳した内務省警保局の担当者は propaganda の訳として、「主義宣伝」、「宣伝」がいいか、「新聞政策」、「新聞操縦策」がいいかと迷った末、「プロパガンダ」というカタカナを選択している。[3] けだし新聞をメディアの中軸と見なし、新聞記者への買収そのものが軍部の世論操作になると見れば、propaganda ＝「新聞操縦」というのが軍部にとっては適訳であったかもしれない。

新聞がメディアのなかで抜きん出て大きな位置を占めていたので、一九一九年に時の原敬内閣の田中義一陸軍大臣が陸軍の国民へのＰＲ担当係を創設した際、その担当課の名称を「陸軍省新聞班」と命名しても、それに違和感を持たれなかった。陸軍省新聞班の発足は陸軍の新聞を媒介にした国民へのＰＲの姿勢を示すデモクラシー期と軍縮時代の象徴であった。この頃の「新聞操縦」は、記者クラブでの有力紙への優先的な情報提供や有力記者への接近といった隠微なものにウェイトがかかっていた。後の武力と権力を笠に着た新聞統廃合とか、発行禁止とか、あるいは記者逮捕といった居丈高な姿勢を陸軍はまだ示さなかった。それどころかソフトな姿勢に終始したことは、一九二九年に新聞班に入った後の参謀本部第二部長・樋口季一郎の次のエピソードが示している。(4) 次席として新聞班に加わったが、「私の任務は果して何であるかさっぱり判らなかった」。発表事項もないので、「各新聞社の陸軍詰記者諸君」を気の毒に思った。「このような時も時、それはたぶん昭和五年の春季でもあったか。我らの敵（？）『朝日新聞』が、政界人、財界人、自由評論家等々を集め、緒方編集局長主宰の下、陸軍軍縮に関する座談会を開催するというのであった」。樋口はたまたま皇居前で馬乗りを楽しんでいる以前から面識のある緒方を見かけた。

「緒方さん、あす陸軍問題に関する貴社の座談会があるそうですが、陸軍から誰を出しますか」と質すと、「誰も招待していない」という。「それは少々片手落ちではないか。陸軍を論ずることは自由だが、被告にも発言の機会を与えるべきではないか。しからざればそれは、新聞による欠席裁判であり、新聞の〝ファッシズム〟ということになる」と談じ込んだことを記憶する。しかし彼がその後、この問題をいかに処理したか、私は今記憶していない。

陸軍軍務局や参謀本部のメディア担当の高級将校でも、有力紙の編集幹部には遠慮した物言いしかできなかったし、新聞社側でも編集方針への軍の介入を許さない雰囲気があったことがわかる。その関係が変化するのは、満洲事変である。『朝日新聞』が軍部や右翼に「国賊新聞」として攻撃されたり、襲撃されたりするようになった。

2　日中戦争勃発とメディアの積極活用

内閣情報部と陸軍情報部

二・二六事件の一九三六年に新聞連合社と日本電報通信社が合併し、国家代表通信社としての同盟通信社が誕生した。この同盟誕生を促したのは外務、陸軍、海軍、文部、内務、逓信の情報関係局によって非公式に一九三二年に設置されていた情報委員会であった(5)。そして一九三六年に官制による内閣情報委員会が設置された。この委員会は各省の連絡調整機関にすぎなかったが、盧溝橋事件(日中戦争)勃発直後の一九三七年九月に改組・改称された内閣情報部は、独自の権限を持った情報宣伝機関としての活動をはじめた。

内閣情報部が成立すると、一九三七年十一月に陸軍省新聞班は大本営陸軍報道部に改称され、参謀総長の下に置かれるようになった。さらにそれは一九三八年九月に陸軍省情報部として陸軍大臣の直轄となった(6)。しかし報道部、情報部の歴代部長名は判明しているが、いずれの時代でも部の内部組織は公表されていない。はっきりしているのは、陸軍の宣伝・報道活動が以前の新聞班時代と同様に実質的に変わりなく継続していて、内閣情報部に移管していないことである。

少なくとも海外の戦地や支配地での陸軍の宣伝・報道活動は、参謀本部あるいは陸軍軍務局の管轄下に置かれていた。しかし現地の部隊での独自の裁量による活動は顕著であった。むしろ現地軍の宣伝・報道責任者が目的達成のための実権を持ち、方針の樹立、経験の蓄積を行なっていたといってよかった。つまり東京の本部では、盧溝橋事件において作戦面で現地指揮者が独断専行したように、宣伝活動でも現場を指揮する確固たる方針が確立していなかった。それどころか参謀本部では、情報・宣伝を扱う第二部は作戦・戦争指導を行なう第一部によって低く見られていたため、その地位は低かったし、情報収集や宣伝活動も軽視されていた。とかく積極果敢型の直観的な指導者が重視され、情報収集と分析を行なった後に作戦を起こす思考堅実型の情報マンは排除された。[7]また第二部においても、国際的視野をもって宣伝やメディア戦略を行なえる人材がいなかった。

上海事変が迫った軍部の宣伝活動

関東軍のメディア工作は他の軍隊に比して目立たなかった。それは満洲事変の終息が早く、「満洲国」樹立謀略の実行期間が短かったこと、また他の地域に比べ目立たぬ中国東北部に限定されたものであったこと、さらには比較的に宣伝・宣撫活動が奏功したことなどによって、[8]リットン調査団報告提出以降も、国際的に満洲は注目されることが少なかったからである。

ところが盧溝橋事件はまもなく上海事変を誘発させた。上海という満洲に比べてはるかに目立つ国際都市への戦火の拡大で、日本軍の侵略行為は世界から注目され、しかもその侵略性が一斉非難をあびた。しかしメディア戦術、戦略という観点から見ると、上海事変は軍部の宣伝観、メディア戦術を満洲事変とは比べられないくらいに変革させた。なによりも上海には中国のその他の地域に比べて圧倒的多数の外国人記者が駐在していた。一九三八年時点で外国人記者は、上海に一三〇人、天津、北京に各三〇人いた。[9]ところが一九三九年の支那派遣軍作成の「中支ニ於ケル報道宣伝業務ノ概況」（以下、「概況」と略す）の次の記述では、その数はさらに増加し、二百名に達している。

上海ニ於テハ外字新聞数種ノ外ニ〔中略〕ロイター（英）、ユーピー（米）、エーピー（米）、デイエヌビー（独）、トランスオーシヤン（独）、アヴアス（仏）、ステフアニー（伊）、タス（蘇聯）ノ各国八大通信社並ニニユーヨーク・タイムス、ロンドン・タイムス、プチパリジヤン以下ノ世界的大新聞社ノ特派員アリテ其総人員二百名ニ上ル(10)

当時の上海は、共同租界を中心に各国語のメディアが乱立し、国際的な情報を氾濫させていた。日中戦争以前には全中国の出版量の九割が上海に集中していたといわれるが、上海事変以降そのウェートを一層高めるようなメディア界の空前の盛況が見られた。日系のごく少数のものを除き、多くの新聞が日本の侵略を糾弾した。

支那事変が勃発するや、上海の言論機関、なかんずく華字紙の活動は頗る活発となり、大公報、中華日報その他幾つかの新聞が奥地に走つたり廃刊になつた代り、一方では中国共産党系の導報とか、文匯報とか、神州日報とかが創刊或いは復刊されて赤色支那のために猛烈な筆陣を張つた。

上海周辺が我が軍の制圧下に収められた後においても、共仏両租界の特殊性を温床として、これら抗日紙の宣伝は激しくなるばかりだつた。蒋家御用の武漢電報、重慶電報がジャンジャン掲載され、台児荘の所謂「勝利」とたたへ、四行孤軍の敗残兵を民族英雄に祭り上げる等々だが、馬鹿々々しい虚報だらけと笑つて済まされない宣伝効果をあげていた事実は、否定できない。日本側から工部局と公董局へ厳重な抗日言論取締り要求が行はれた直後とか、英国の或る時期における対日妥協政策の影響などで、時に若干の沈滞を見せる場合がないでもなかつたが、然し大東亜戦争まで、上海租界の新聞が抗日一色に塗りつぶされていたことは確かだ。工部局には外国籍新聞雑誌に対する検閲権がなく、また我が方で折収した上海新聞検査所も外国籍には実際問題として手をつけることが出来なかつたので、一層彼等外国籍華字新聞の跳梁を許した訳だつた。(11)

ラジオも上海に過度に集中していたが、その多くが反日の姿勢をとっていた。

上海に一週間でも滞在したことのある人は、あの狭い都市の空に無数の電波が飛び交ふ実情に一驚した経験を持つているに違ひない。一寸した高級ラヂオ受信機を買つて、波長ダイヤルを端から端へゆつくり廻すと、日本語、英語、支那語、ドイツ語、フランス語、マレー語等々の雑多の言語が、各自思ひ思ひのニュースを講演を――あるものは日本軍○○占領の正確なニュースを伝へ、あるものは重慶政府の途方もないデマを飛ばしているのが次々聞えて来るのだ。「上海は世界の人種展覧会の如し」と昔の小学校の本に書いてあるが、今日の国際都市上海は東洋では類のないニュースの見本市だ。各国の有力通信社は、ここに極東通信網の本拠を置き、ニュースの吸収と発散に余念なく、東洋に関する国際的な大仕掛のデマもここで製造される。(12)

上海事変から太平洋戦争勃発直後の租界占領までの四年半は日本軍と中国を含む各国とそのメディア、ジャーナリストとの相互の宣伝、報道戦が上海において熾烈に展開された華々しくも緊張感のある時期であった。事変は租界とその周辺に長く沈殿していたメディア環境に強烈な刺激を与え、各メディアの眠りを醒まさせ、メディア界に空前の活況をもたらした。日本軍は上海の共同租界のメディア活動に干渉していたが、租界を完全に接収できなかったため、中途半端な言論の自由への制限が逆に抗日メディアを活性化させた。日本と英米、フランス租界のフランスなど主要連合国とは緊張関係にあった。またこれら各国は、蒋介石の国民政府や毛沢東の中国共産党などの抗日勢力やその系列ジャーナリストを陰に陽に支援していた。国民党は政府軍が重慶に去った後も国民党中央執行委員会調査統計局（中統、CC団）、軍事委員会調査統計局（軍統、藍衣社）などを上海に残していた。一九三九年には杜月笙《とげつしょう》を主任委員とし、戴笠《たいりゅう》、呉開先《ごかいせん》らを委員とする上海党政統一委員会を組織し、上海地区の最高指導機構とした(13)。とくに軍統は漢奸（対日協力者）の暗殺に力を入れた。片や日本軍の特務機関が背後から全面支援する「七十六号」が軍統と強制監禁、殺害、脅迫を繰り返した(14)。さらに日本が一九四〇年に樹立した汪精衛の勢力が次第に勢力を強めていた。これらの勢力が武闘戦だけでなく、メディアを駆使した合戦を展開していたことは言うまでもない。したがってこの時期に日本陸軍は国際関係のなかでの宣伝組織、宣伝メディア、情報戦、宣伝戦についての知識や戦術・戦略を、上海や華中での実践経験から初めて習得し、徐々に洗練させていった。

陸軍報道部と馬淵逸雄

上海を中心とした当時の陸軍の宣伝戦を担った中心人物が馬淵逸雄《いつお》であった。彼は陸軍士官学校、陸軍大学校を卒業し、師団参謀などを経て、一九三四年に陸軍大臣官房付の少佐となった。それを官制で見ると「新聞班手伝」であった。彼は一九三七年八月に上海派遣軍司令部付の報道部員になった。上海派遣軍報道部は彼の上海上陸の翌日に開設された。同年末に中佐になり、一九三八年二月に中支那方面軍、上海派遣軍が中支那派遣軍に再編され、彼は同軍の参謀・報道班長となる。一九三九年二月に中支那派遣軍報道部長、同年八月大佐に昇進。そして同年九月に中支那派遣軍などが再編され、支那派遣軍となるとともに、彼は同軍参謀・報道部長となる。一九四〇年十二月陸軍省報道部長に栄転するまでの中国での報道部長の時代に、現地の日本人向けメディアによく登場する論客となった。[15] そして陸軍省報道部長として在任中、中国時代の報道・宣伝の体験を『報道戦線』[16] としてまとめた。彼は「支那事変の最初から大東亜戦争開始直前までの四年四ヶ月、参謀将校としては異例に長期間を、軍報道部一筋で通した[17]」。ともかく軍関係者の彼への評価は高かった。「今日の軍報道部の機構組織を、基礎づけ体系付けた功績は大きい。陸軍の戦時下戦場における宣伝機構といふものは、満洲事変においても確定されなかつたし、支那事変によつて漸く形態を整へたといつても過言ではない。そして、その基礎づけ体系づけのために、馬淵さんの力が与つて大であることは誰もがこれを認める[18]」という同時代の内部評価は、仲間ぼめではない。

上層部によって馬淵はその報道関係の推進・処理能力を見出され、上海に派遣されたが、報道部長就任以前から派遣軍の報道・宣伝活動を実質的に担った人物であったことはたしかである。また彼は、他の高級将校よりも報道部の長い経験から宣伝論の「学知」を前進させた。次の短文からも彼の経験知が伺えよう(19)。

戦争の完全なる遂行には、その中に含まれる幾つかの要素が、各々其の特質を最高潮に発揮し、而かも、それらが渾然一体となつて進むことが理想であるが、就中、往時はその価値が極めて僅少であつた宣伝といふ部門が、科学の急速な発達に伴つて、近代戦には最早欠くことの出来ない存在として付随されることとなつた。これは一刻も等閑視されない重大な問題である。対外、対内、或は占領地域内の民衆への宣伝、又は直接対峙する敵軍への工作等々、重要にして且つその仕事は頗る多面であり、之こそ近代戦に与へられた大きな課題である。

支那派遣軍の宣伝活動

同時期の馬淵報道部長の文字が入った宣伝関係の書物や一次資料は数多い。たとえば支那派遣軍報道部監修の華中での日本軍の戦勝を記録した名取洋之助撮影の写真集『中支を征く』では、彼が序文で「報道部写真班員の撮影せる写真を始め、各新聞社、通信社の従軍写真、更に中支に従軍せる作家、書家諸氏の貴重なる作品の提供を受け、中支那に於ける事変記録として望み得る最上の条件の下に成るもの」と同書を自賛し、その出版目的が「中支作戦経過の大要を端的に記録するに止まらず、国民的努力の偉大なる心と姿とを、芸術を通じて後世に伝へんとするものである」と記している。その記録性、芸術性が類書を超え、皮肉なことに軍の侵略性、残虐性を如実に歴史に残しているためか、同書は日本軍の中国での侵略行為を示す最高の書物として、中国で現在高く「評価」され、翻刻、翻訳され、戦争博物館などで記念品として販売されているほどである。[20]

馬淵関係の一次資料として、中支軍参謀部が出した一九三九年八月八日付けの「宣伝組織強化拡充大綱」（以下、「大綱」と略す）と、再編されたばかりの支那派遣軍が出した同年十月二十日付けの「概況」（「中支ニ於ケル報道宣伝業務ノ概況」）がある。[21]両者はほぼ同時期に出された正副の資料で、彼が直接執筆するか、彼の監修で部下が作成したものである。「概況」の冒頭に馬淵の名の入った文章が出ている。ともにもちろん軍の公文書であるが、『報道戦線』に部分的に引用されている。以下両者を参考にしつつ、支那軍報道部が当時実際に展開し、またその後に行なおうとしていた宣伝活動を見ることにしよう。

図1で見るかぎり支那軍報道部の本部が上海か南京のいずれにあるか分からないが、「大綱」別紙第二では本部は南京にあって、上海、漢口が支部となっている。しかし付属人員は南京が三八名なのに対し、上海の方は四一名と多い。「概況」では南京、上海がともに本部となっているが、南京三四名、上海四〇名と編成定員は上海の方がやはり上回っている。漢口支部は前年八月の占領以降に解体され、その人員を南京、上海報道部に回すと「大綱」は説明している。

南京報道部ハ作戦軍事ニ関スル報道、宣伝、対民衆宣伝、維新政府関係ノ報道ヲ、上海報道部ハ対租界言論工作、新政権運動ニ関スル宣伝工作、対外、対国内言論機関ノ掌握、海軍、外

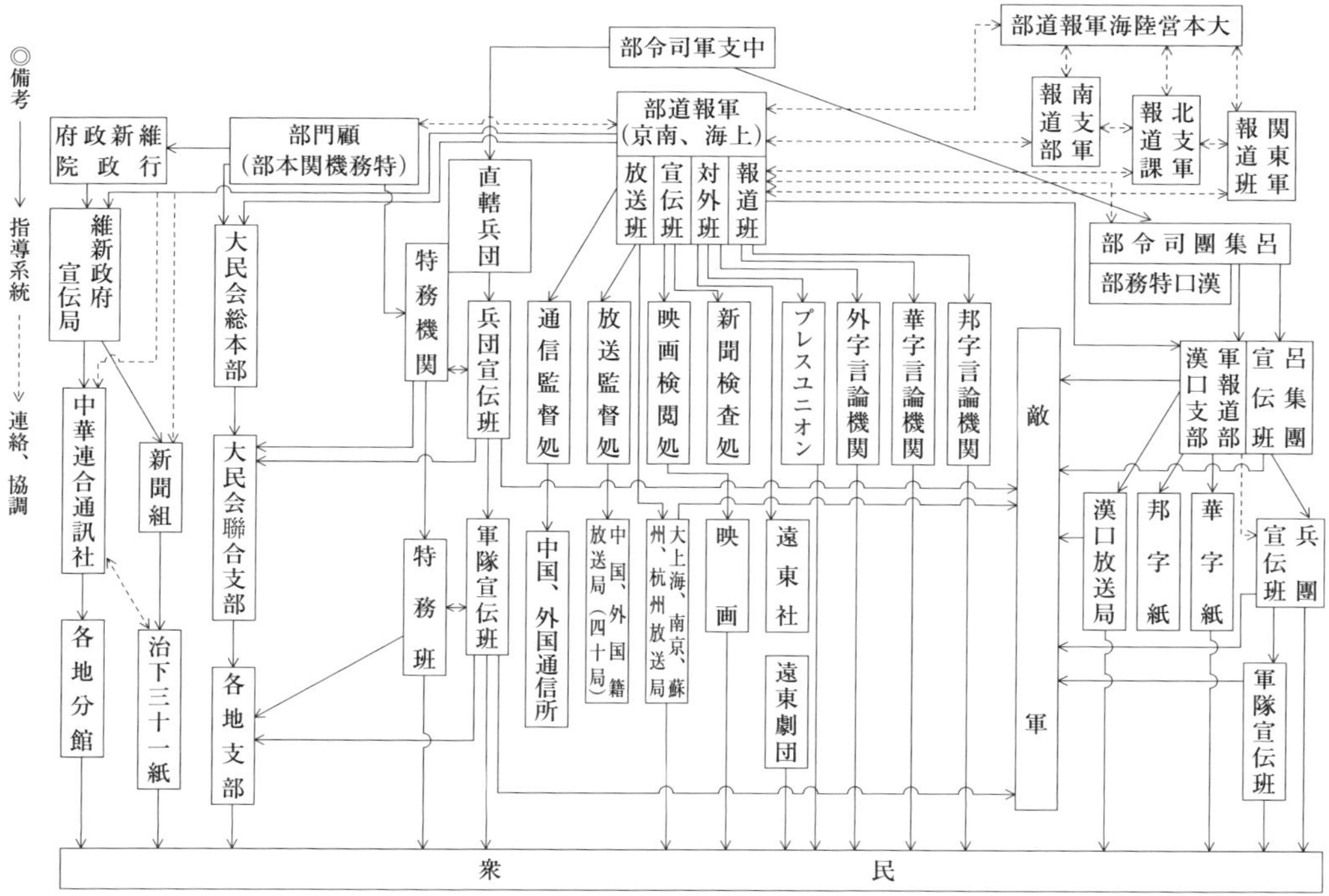

図1　支那派遣軍の宣伝組織系統図（アジア歴史資料センター所蔵　C04121294800）

務、興亜院、報道関係トノ連絡協調ヲ主任務トス

南京報道部の仕事は、南京に作られようとしている「維新政府」つまり汪精衛政府を宣伝活動で支えることが中心になっていることがわかる。大民会などと連携した占領地や前線での対民衆宣伝に力点を置いている。図1の左に図示されているように、反共的民衆組織を唱う大民会は特務機関や特務班の各レベルで指導を受けていた（後述、一四八頁）。また当時、維新政府樹立直前に赴任した派遣軍総司令部参謀・辻政信が「思想戦指導要領」の作成にとりかかっていた[22]。

租界向け宣伝工作——中国語メディアへの対策

一方、上海報道部は対租界工作や対外宣伝に力を入れている。「概況」には「上海租界言論工作のトップに「新聞検査処ノ接収ト其機能拡大」が説明されている。

上海周辺ノ占領ヲ終ルヤ軍報道部ハ実力ヲ以テ上海租界内ニ存セシ国民政府ノ「新聞検査処」ヲ接収シ其機能ヲ発動シ中国籍華字紙ノ検閲ヲ開始セル為有力華字紙ハ廃刊ノ止ムナキニ至リシモノアリシモ外国籍華字紙ノ治外法権アルヲ奇貨トシ従来ノ中国籍ノモノニシテ登記ヲ外国ニ移シ抗日言論ニ拍車ヲカケ却テ社業ヲ拡大セルモノアリテ華字一般ノ抗日態度ハ一向ニ是正セラレス、重慶政府ノ指令ト抗日分子ノ脅迫トニヨリ親日支那人ノ台頭ヲ弾圧シ幾多政治テロノ根源ヲ為セリ。本年二月陳籙外交部長ノ暗殺ニ伴ヒ軍カ租界問題ニ対シ積極的対策ヲ講

スルニ至ルヤ報道部ハ軍命令ニ基キ租界抗日言論弾圧取締ヲ積極化シ直接工部局責任当局ト交渉シテ抗日新聞ノ取締ヲ要求シ新聞検査処ノ陣容ヲ鞏化シテ中国籍ノミナラス外国籍ノモノヲモ検閲セシメ検閲ノ結果ヲ工部局及英米総領事ニ通報シテ之カ取締ヲ要求シ汪精衛特務工作ト平行シ抗日言論陣ヲ動揺セシメ遂ニ華字四大紙ノ停刊廃刊ヲ余儀ナカシメタリ

日本軍は蔣介石の国民政府軍を駆逐し上海を支配していたが、英米所有のメディアはむろんのこと、英米籍に移した抗日の漢字新聞の廃刊やラジオの廃業を強制できなかった。そこで図1の中央にある新聞検査処や放送監督処による検閲を強め、不都合な報道事例を工部局へ示し、取締り強化を繰り返し要請した。たとえば「概要」の出た翌日の一九三九年十月二十一日には、「華文『大美報』及英文『大陸報』取締要請ニ関スル件」を工部局警視総監ボーン少佐に提出し、両紙は虚構の記事で「日本軍ノ名誉ヲ損傷スルコト極メテ大」と「全文取消ヲ厳命」するよう要請している[23]。また同年六月十五日には、フランス人とアメリカ人経営のラジオ局が「本処ノ許可ヲ得ザル不正電台ナルヲ以テ営業許可相成ラザル様御配慮」せよと工部局警察部にねじ込んだ[24]。一方、日本側と組んだ汪精衛の「特務工作」による経営幹部や記者への暗殺が抗日紙のいくつかを廃刊に追い込んだ。しかしこうした圧力の効果はさほどではなく、日本軍による完全なメディア・コントロールは太平洋戦争勃発直後の工部局の解散を待たねばならなかった。

上海の空間をラジオの電波がさまざまな言語で乱舞していることは、前掲注(12)の引用文が示している。一九三三年の上海総領事も外務大臣への報告書で、「商業用広告放送」で「対外宣伝」

に供されているものが多数あると述べている[25]。また「概況」でも、中国語や外国語放送局は四〇局もあって、盛んに排日放送を行なっていることを嘆いている。そこで放送監督処によって放送局の登記を行ない、波長の配当を実施し、未登記の局には「妨害波ノ発送」つまりジャミングを行なうとしている。

検査処や監督処による取締りが消極的な対応であったのに対し、対日協力姿勢を示す中国語メディアの育成は積極的な中国民衆対策であった。その代表は陸軍報道部が直接創刊にかかわった『新申報』である。

事変当初ニ於テハ上海ニ於ケル支那側ノ言論機関絢爛ヲ極メ反日抗日ノ宣伝ニ狂弄セルニ対シ日本側ニハ利用シ得ヘキ華字言論機関皆無ニシテ宣伝対抗上至大ノ不利ヲ感セシヲ以テ報道部ニ於テ華字紙「新申報」ヲ設立シ対民衆対敵宣伝ニ任セシメタリ

爾後作戦ノ進展ニ伴ヒ上海租界ヲ除ク中支各地方ノ支那紙ハ逐次支那軍隊ニヨリ其工場ヲ潰滅セラレ暗黒ノ状態トナリシヲ以テ特務部ハ報道部ト協力シテ各地廃墟ノ裡ニ親日華字紙ヲ創設セシメ維新政府治下ニ既ニ三十一紙ヲ数フルニ至レリ（「概況」）

しかし『新申報』では、それへの接触が「漢奸」呼ばわりされたり、売子が売国紙販売のゆえに国民党シンパの官憲に逮捕されたりしたので[26]、その民衆への浸透力は弱かった。そうとはいえ親日紙が三一紙に増加したことがわかる。なお短波受信機の所有を禁止する指令をたびたび出したが[27]、その指令を無視して外国からの短波を密かに聴取する者は多かった(28)。

租界向け宣伝工作――外国特派員への対策

英米系の外国人は租界で守られた第三国人として、外国語新聞やラジオなどの発行名義人やオーナーになりすまし、中国人の抗日宣伝活動を支援していただけではない。租界に拠点を置く彼らのメディアは日本の侵略行為を母国や海外向けに発信し、反日世論を醸成させる姿勢でほぼ一致していた。したがって日本側からの彼らへの情報提供や「新聞操縦」はすぐれて国際的な宣伝工作であった。図1の「外字言論機関」つまり「世界的大新聞」の上海特派員の多くが「対日反感悪意」に満ちていると「概況」は分析している。そしてその活動への対策を報道部では次のように講じている、と説明している。

報道部トシテハ全般的ニ上海ニ於ケル対外宣伝ニ重大ナル関心ヲ有シ専任将校ヲ設ケ外人記者ノ接触ニ任セシメ毎日ノ会見会談ニ依リ又個別的操縦ニヨリ彼等ノ蒙ヲ啓クカ如ク指導シアリ。彼等外人ハ東亜ニ対スル見解ヲ根本的ニ異ニシアリ特ニ国際状勢ノ複雑微妙ナル現下ノ時局ニ於テハ各国トモ夫々政策的ニ対日悪宣伝ヲ歪曲放送シアルノ実状ニアリ。対外的ニハニユースノ速報ニヨリ先手ヲ打ツヲ得策トスルモ遺憾ナカラ重慶側ノ逆宣伝常ニ先利ヲ占メ殊ニ渉外問題ノ処理ニ於テ我ハ宣伝上一籌ヲ輸シアル情況ニ在リ。コノ弊ハ現地ニアル将校ノ宣伝ニ関スル著意不十分ニ帰着スルモノナルヲ以テ国軍将校ノ宣伝ニ対スル認識ヲ深ムルノ必要ヲ痛感シアリ。

陸軍報道部では毎日記者会見を開き、専門の将校が彼らにニュースを提供し、「個別的操縦」によって、「対日悪宣伝」や「歪曲」の活動を停止させようと努力していたことが分かる。常に彼らの念頭にあったのは、「重慶側ノ逆宣伝」とそれに対する対応である。なぜなら国民党側の国際宣伝は日本側よりも上手で、国際世論への影響力が強いことを自覚していたからである。なお外国人記者はその会見場に多いときは四五、六名集まっていたという[29]。

中国人向けの宣伝——映画、レコード

映画の方は主として中国民衆を対象としていた。満洲と同じように、華中でも映画は文字リテラシーの低い民衆に日本への一体感を植えつけるのに恰好のメディアとして認識された。上海は中国の映画の中心であったため、そこに設立された日中合弁の華中電影公司が中国全体の映画を支配することになった[30]。「概況」は言う。

対支那民衆宣伝ヲ目的トシ北、中、南支ヲ一体トスル映画機構ヲ作ル如ク意図シアルモ差当リ中支ニ於テハ本年八月日支合弁ノ華中電影公司ヲ設立、映画ノ作製配給ヲ一途ニ引受ケ業務ヲ開始セシメタリ、同公司ハ全支占領地域ニ対スル日満映画ノ配給権モ一手ニ獲得シアリテ今後直営映画館ヲモ設立セントシ今後活動ノ効果ハ大イニ期待サレアリ。

レコードでも中国民衆の嗜好に合う作品をつくるべく、一九三九年七月に日支合弁の華中勝利唱片公司なる会社を報道部肝入りで作った。もちろんこれらの会社設立に合わせ、検閲を行なうために上海に映画検査処、レコード検査処が同年六月に設立された。

中国人向けの宣伝――ラジオ

上海ほどではなかったが、広大な中国内部でも、日本軍とその傀儡勢力のラジオと国民党軍、中国共産党軍のラジオ、米英軍のラジオなどが国内外のオーディエンス向けの活動で対抗していた。たとえば一九四〇年に出された支那派遣軍報道部のパンフレット[31]には、中国戦線での日本軍のラジオの宣伝機能を次のように分類している。

1　対支宣伝
　イ、対敵宣伝　　蒋麾下軍隊に対する宣伝、蒋政権治下民衆に対する宣伝
　　　　　　　　　皇軍占拠地域内遊撃隊に対する宣伝
　ロ、新秩序下支那民衆に対する宣伝
2　対第三国宣伝　在支外人に対する宣伝、在外華僑及第三国人に対する宣伝
3　対邦人放送　　現地皇軍将兵に対する放送、在支邦人に対する放送
　　　　　　　　日本内地に対する放送、海外在住の邦人に対する放送

先に上海の租界でのラジオ対策について触れたように、日本軍は華中全体についてもラジオの普及と検閲に目配りしていた。メディアの普及は民衆への日本側情報の注入に効果的であったが、国内外の抗日情報への接触をも可能にした。このメディアの両刃性はラジオの場合とくに顕著であった。日本軍や傀儡政府は安価なラジオ受信機の普及に力をいれ、教育レベルの低い民衆を誘導しようとする一方、知識人や富裕層に対し海外や遠距離放送の受信可能な短波受信機の使用禁止を通達した。そして中国内部の諸勢力を対象にしたきめ細かいラジオ活動を実施した。第二次大戦勃発以降、中国内部で抗日的、親連合軍的な局が弾圧・排除された。しかし大戦になっても、独伊ばかりでなくソ連など中立側のラジオも存続が許されていた。だが日本側はそれらの放送内容にも目を光らせていた。一九四四年二月の上海特別市警察局の『警察月報』[32]は、ソ連系のXRVN局の英語ニュースを停止させたと記載している（表2参照）。おそらく検閲しにくい英語やロシア語に隠れて、密かに反日的な放送を行なっていたからであろう。

このように中国側の送り手・受け手双方の抗日宣伝は、ラジオを見ただけでも多様性と重層性を持っていた。日本軍側も抗日側も、ターゲットを絞り込んだ宣伝活動を安価・安全に行なえる魅力的なメディアとしてラジオを認識し、活用しようとした。先のパンフレットによると、当時日本軍は表1のようなラジオ局を持っていた。

このリストの最後にある「特殊放送局」とは何であろうか。上海にある百ワットの小規模出力で、コールサインはなく、周波数も記載されていない。おそらく上海司令部から前線の秘密活動、ブ

表1　中支軍営ラジオ局の周波数、対象オーディエンス

1 大上海放送局	XOJB	中波	華語、英語による占領地域支那民衆、外人並に内地邦人向け
	XOJB	短波	華語による敵地民衆、敵軍向に使用並に奥地敵軍、支那民衆
	XQHA	中波	日本語による皇軍将兵向け放送
2 南京放送局	XOJC	中波	華語、日語による占領地区内外の支那民衆、皇軍邦人、内地邦人向け
3 漢口放送局	XOJD（第一）	中波	華語、日語、英語による占領地区内外民衆、外邦人皇軍、内地向け
	XOJD（第二）	短波	華語により敵地民衆、敵軍向けに使用
4 杭州放送局	XOJF	中波	華語、日語による占領地区内外の支那民衆、敵軍、皇軍向け
6 蘇州放送局	XOJH	中波	華語により付近民衆向け
7 特殊放送局	なし	中波	特殊電波発射用

ラック活動を支援するための暗号指令発信のラジオ局であったろう。徐州会戦で日本軍は敵陣内に五ワットの放送機を設置し、中国人捕虜に〝支那軍が負けた〟と繰り返し放送させ、国民党軍を追い込んだという事例[33]などに味をしめ、謀略工作を行なっていたと思われる。

日本人向け宣伝

「概況」によれば、前線や駐屯地の軍人向けに一九三九年九月からラジオで「皇軍将兵ノ時間」を新設したという。新聞では『大陸新報』なる日本語新聞を一九三九年一月一日の上海を皮切りに、南京、漢口、徐州などでその姉妹版を発行し、「中支全般」の占領地にテリトリーを持つ「有力紙」として「指導助成」していると述べる。なお中支派遣軍参謀長は陸軍次官あての書簡で、陸軍の宣伝に不可欠のメディアである同紙に月額陸・海軍各一万円、外務省五千円の援助をし、先の陸

軍報道部設立の『新申報』への月額一万円とともに今後も継続すること、さらに両紙の合併を検討していることを記している。[34]

戦火の拡大につれ、内地日本人の中国情報への関心は高まる一方であった。「概況」は各メディアの中国への殺到ぶりを指摘しつつ、それら記者を使った内地での軍部賛美の世論の一層の高まりを計算している。

現地ニ於ケル邦字言論機関ノ主ナルモノハ上海、南京、漢口ノ邦字新聞、同盟通信社、日本各紙通信局〔中略〕及従軍記者通信員写真映画班員、雑誌特派員、従軍作家、評論家、画家等ヲ主トスルモ慰問視察ノ為ニ来ル政客論客教育者等ノ国内ニ及ホス影響力亦之ヲ軽視スヘカラス

現在中支方面ニ於ケル邦字新聞通信記者総数ハ約三百名ニ上リ支那事変以来中支地域ニ従軍シタル記者、写真班、映画班、雑誌記者等ノ合計ハ約二千名ノ多キニ及ヒ最モ報道陣華カナリシ武漢攻略戦当時ハ戦場ニ馳駆セル従軍記者ハ連絡員ヲ加ヘ千百名ニ達スルノ状況ニシテ敵弾ニ斃レタル報道戦線犠牲者中支ノミニテモ十名ヲ越エ負傷者十数名ヲ算ス

報道部ニ於テハ之等従軍記者等ニ対シ可能ノ範囲ニ於テ便宜ヲ供与シ之ヲ鼓舞激励シ且記事資料ヲ提供ス。定住的特派員ノ指導統制ヲ便ナラシムル為上海、南京、漢口ニハ夫々記者倶楽部ヲ結成セシメ軍ノ公式発表ハ該記者倶楽部ヲ通シテ之ヲ行フ。

また文学者、評論家などに現地視察させ、「国内有力雑誌ニ論説、記事、写真等ヲ送付セシムルコト」に務めていた。『土と兵隊』、『麦と兵隊』などを芥川賞作家・火野葦平（玉井勝則軍曹）に書かせたのは、馬淵逸雄であった[35]。こうした文化人利用は銃後の国民を戦争に動員させるための内地向けの宣伝活動であった。この利用法はその後他の戦域にも広がるが、華中の軍報道部が先鞭をつけたものであった。

3　汪政権の正当性獲得のための宣伝工作

影佐禎昭の謀略

清朝最後の皇帝溥儀《ふぎ》を祀り上げて満洲国建国の謀略に成功した日本軍は、日中戦争以降、今度は孫文の信頼の篤かった汪精衛（汪兆銘）を国民政府の首都重慶から一九三八年に誘い出し、南京に汪政府を樹立するのに成功した。前の工作の首謀者は奉天、ハルビン特務機関を指導した土肥原賢二であったが、後の首謀者は土肥原が作った基盤を継承しつつ、独自の周到な謀略計画を立てて実行した影佐禎昭《かげさ さだあき》であった。両者ともに参謀本部きってのエリートであり、中国畑を歩んだ経歴を持ち、中国の裏社会への精通とそれを利用した謀略工作が同時期の他の高級参謀に抜きん出ていた。影佐の経歴でとくに注目すべきは、一九三七年に参謀本部に新設された第八課の課長に就任したことだ。この課は「宣伝謀略課」という別称があった。彼はそこで先輩土肥原を超える中国での謀略実行への野望を練っていた。その後の陸軍省軍務課長時代に、軍上層部に彼の腹中にある謀略支援への根回しを行なったと思われる。そして一九三九年に上海に渡り、陸軍中将になり、梅機関長として土肥原同様に秘密結社青幇《チンパン》の親玉の丁默邨や李士群らを使った蔣介石側工作員への暗殺・買収などの特務工作活動を指揮し、汪政府樹立工作に踏み出した。

影佐が土肥原と違っていたのは、ある程度の国内、国際世論への配慮が見られたことである。彼は近代の謀略には「新聞操縦」、より同時代的にいえばメディアへの工作とその支援が必要と認識する点で、土肥原の大陸浪人的感覚とは異質であり、現代的であった。以前から謀略家としての本質を隠蔽しながら、彼は『朝日新聞』編集局長の緒方竹虎や同盟上海支局長の松本重治らメディア要人と個人的な信頼関係を確立していた。その頃の緒方や『朝日新聞』は、右翼から「国賊新聞」呼ばわりされた反軍的なリベラリズムを放擲し、軍の方針に同調するどころか、それに追随して利益を上げる「国策新聞」に変身していた。上海上陸後、影佐は緒方の承諾を得て、同紙編集局顧問の神尾茂を彼の梅機関の顧問に引き抜いた[36]。実際、影佐の顧問になった神尾は、上海の梅機関本部「梅華堂に到り、馬淵大佐、北島大佐に会ふ[37]」といった上海での特務機関との関わりあいの断面を日記の随所に残している。さらに影佐は彼の汪工作の全体構想を馬淵に示すことはないまでも、その一端を示しつつ、陸軍報道部を工作に引き込んでいった。

汪工作成功後、影佐は辻政信や馬淵らを汪政権の最高軍事顧問に招き、彼らを指揮していく。馬淵は影佐や辻参謀の指示を受け、『朝日新聞』論説委員の太田宇之助と『東京日日新聞』編集局東亜課長の吉岡文六に面談し、彼らを中国派遣軍総司令部嘱託兼報道部顧問に誘い入れる口利きをしている[38]。こうした内地有力紙の中国専門の幹部は彼らの所属機関の上司の快諾を得て、中国に嬉々として渡ることになった。

傀儡イメージの払拭へ

先の「大綱」や「概況」の出た時期は、汪精衛の重慶脱出から一年近くたち、南京での「維新政府」の設立が公然と報じられる頃であったので、両文書にはその状況が色濃く反映されている。むしろ当時、古くて新しい上海租界メディア工作よりも熱を帯びた戦術・戦略が報道部でなされていた。それは汪政権と内外メディアの関係改善というまさに報道部が存在価値を問われる新規の難題であった。満洲政府樹立の際に見られたように、報道部幹部は、新政府が日本の作った傀儡政権であるとの批判が中国内外で公然と叫ばれることが必至と想定し、それへの「新聞操縦」が緊要と認識していた。

「概況」は「新政権樹立ニ関スル報道」とのタイトルで、報道部員が秘密漏洩防止で特務機関員を助言し、さらに政務謀略関係者の記者会見に立会わせていると述べる。

> 梅機関及主任参謀ト緊密ナル連絡ノ許ニ責任アル報道部員ヨリ報道資料ヲ内外支各言論機関ニ提供シ特ニ謀略秘密ノ事前漏洩ヲ防クニ着意シ政務謀略関係者ト言論機関ノ会見ニハ報道部員ヲシテ立会セシメアリ。新政権樹立促進ノ為メ内外輿論ノ指導極メテ重要ナルニ鑑ミ之レカ報道宣伝ニ関シ根本的ニ方針ヲ決定シ積極的ニ言論機関ヲ之ニ協力セシムルノ必要ヲ認メ目下之カ対策ヲ研究中ナリ。

こうした記者会見には、太田や吉岡、あるいは神尾が出席し、報道部員や機関員らにベテランの中国報道のジャーナリストとして助言したり、発言をチェックしたりしていたわけである。一九三九年十一月十五日付けの支那派遣軍総司令部作成の「支那新中央政権樹立ニ伴フ宣伝要綱」（以下、「宣伝要綱」と略す）はもっとあからさまにその宣伝工作のホンネを表現している。つまり「新中央政府ノ樹立ハ飽ク迄支那側ノ自発的運動」であって、日本軍部が「傀儡政府ヲ作リアルカ如キ印象」を内外ことに中国民衆に与えないように全注意を払うべきとその冒頭で強調する。自らの宣伝は国民政府側の「悪宣伝ヲ圧倒」せねばならない。そうして当方の「謀略宣伝ニヨリ蒋介石並ニ各領袖間ニ疑心暗鬼ノ猜疑心」を深くし、彼ら相互の「中傷離間暗闘」を誘発し、敵側内部の混乱、寝返、崩壊を策動すべきである。また第三国に対しては、日本の新政府への確固たる決意を伝え、彼らに援蒋態度を放棄させ、新政府を支持した方が、東亜平和をもたらし、彼らにとっても得策であることを宣伝するのがよいと言う[39]。

それでは具体的にどうすべきか。先の「概況」は「維新政府」下の中国語の新聞、通信社についての方針をこう述べる[40]。

（イ）維新政府治下ノ華字紙

維新政府治下タル占拠地域内ニ於テハ維新政府宣伝局ヲシテ政府ノ宣伝関係業務ヲ実施セシメ報道部ハ内面的ニ之ヲ指導スルヲ本旨トスルモ新聞並通信事業ハ軍報道部ニ於テ実質的之ニ

掌握ス、而シテ華字紙ニアリテハ其濫立対立ヲ防止スル為許可制ヲ執リ概ネ省政府所在地ニ有力紙（政府機関紙トス）一、各県ニ地方紙概ネ一ヲ設立セシムルノ方針ヲ執リ将来ハ此等華字紙ヲ新聞合作社ニ統合スル如ク其準備ヲ進メアリ

（ロ）中華連合通迅社設立

華字新聞ニ対スル華文通信、広告ノ統一提供、新聞販売機関トシテ中華聯合通迅社ヲ設立シ我カ同盟通信社ト表裏一体ノ関係ニ於テ経営セシメ彼我両施設ヲ融通スル如クシ目下着々ソノ組織拡充中ナリ。将来中央政権樹立ニ伴フ新聞通信政策ハ国民党勢力ト微妙ナル関係ニアルヲ以テ之カ調整ヲ図リ将来ニ禍根ヲ残ササル如ク汪側ト密接ナル連絡ヲ保持セシム

「宣伝要綱」では梅機関との協力関係が具体的に次のように列挙される。

（イ）汪工作ノ進展ニ伴フ表面的宣伝、報道ハ総宣報道部ヲシテ実施ニ任セシム之カ為常ニ緊密ナル連絡ヲ保持シ其ノ宣伝報道ヲ有効ナラシメ且報道上ノ取締ニ遺憾ナカラシム。
（ロ）汪側ノ宣伝機関ヲ指導シ軍ノ行フ宣伝報道トノ調整ニ遺憾ナカラシム。
（ハ）任務遂行ニ必要ナル謀略宣伝ヲ行フ。

「謀略宣伝」というそのものずばりの表現が出ているように、租界での宣伝活動には見られなかった陸軍報道部と特務機関との連携強化が謳われている。それは影佐による馬淵への呼びかけ、

いや命令が浸透していたからである。なお「宣伝要綱」には、梅機関の他に竹機関、蘭機関、菊機関や南京駐屯部隊との連携についての記述もある。

大民会の組織化

華中とくに揚子江中流域での日本軍占領地区は中国共産党の新四軍がパルチザン活動で汪政権の樹立を妨害していた。そこで日本軍は満洲での協和会、華北での新民会に相当する反共的民衆組織を育成し、その組織化によって民衆への宣撫を図った。陸軍報道部も特務機関に協力する形で宣伝活動を行なった。「概況」は言う。

大民会ヲ民衆宣伝組織トシテ積極的ニ指導シソノ組織網ヲ江南三省ニ拡充シ利用ニ努メツツアリ。同会ハ南京ニ総本部ヲ置キ聯合支部九、支部五十数ケ所ヲ有シ会員数現在五萬余ニシテ逐次拡大中ノ現勢ニ在リ従来反蔣、排英、反共中央政権樹立、各種記念日ニ於ケル民衆宣伝ニ努力シ来リ実績見ルヘキモノアリ、今後特ニ重視シ発展助長ノ必要ヲ認ム。

而シテ同会ハ原則トシテ日本人ヲ職員タラシメス業務ノ実質的指導ノタメ報道部長ヲ顧問トシ総本部ニ数名、聯合支部ニ各一名ノ日本人指導員ヲ置ク予定ニシテ適任者ヲ物色中ナリ。

また大民会別働隊として、一九三九年に報道部独自に直接組織したものに遠東劇団がある。「概況」によれば、同劇団は「巡回演劇、紙芝居、映画、ラヂオ、演説」などを使っていた。最初は上海で試験的に実演し、次第に活動を南京周辺の共産軍との最前線まで広げていった[41]。宣撫、懐柔のための慰安活動であるが、いつまで継続したかはわからない。なお大民会の組織化は反共活動のためであったが、同じく共産勢力掃蕩のためにその後汪政府の行なった清郷工作にはつながらなかったと思われる。なお清郷工作は影佐の助言で汪主席に採用されたといわれる[42]。

4　中国共産党撲滅のための宣撫活動

満洲での宣撫活動

南満洲鉄道（満鉄）は日露戦争でロシアから獲得した鉄道および鉱工業の付帯事業を運営していた。同社が内地の会社には見られぬ広報活動を早い時期から現地で積極的に行なっていたのは、異民族の土地を租借し、彼らを顧客としていたからである。満鉄では沿線の治安確保のために創業時から宣撫活動を社員が行なっていた。弘報課を中心とする宣撫的工作は満洲国国務院弘報処ができてからも継続された。満鉄の弘報課とその課員による宣撫活動を国家規模で担ったのが弘報処の宣伝と宣撫の活動であったといえよう。もちろん満鉄には関東軍のバックアップがあった。しかし関東軍の支配が拡大・強化されてきても、武器を持たない満鉄社員による沿線住民にたいする人心収攬のための広報活動とそれと連携した宣撫工作は継続されていた。満鉄の宣撫活動の長年のノウハウが満洲国さらには中国全土の日本軍の宣撫活動に継承された。

現地における宣伝戦の立役者は宣撫班である。「討匪行」の作者として知られている八木沼丈夫氏が宣撫班の総元締として頑張り、本部で多数の班員を指揮しているが、班員は幾人かの満人を連れて占領地区へ飛出し、抗日思想に捉はれている支那人に対し、日本軍に対する信頼と服従とを呼び起す工作に従事している。宣撫班の任務は単に宣伝だけではなく、逃げ後れた民衆を城内に止めるために文書によつて勧告したり、多数の通訳を使って日本軍は武器を持たない善良な人民には決して危害を加へるものでないことを説いて聴かせたり、場合によつては食物や薬品などを与へたり、敵の死者のために無縁仏を立ててやつたりするが、何と言ても支那の民衆に対する日本の真意を宣伝することが最も重要な仕事である。(43)

宣撫班は共産党軍の支配する地域、つまり治安の悪い「共匪」支配地域の掃討、当時の軍隊用語で「剿共《そうきょう》」に重点的に派遣された。「討匪行」では班員の「明日の命」はまったく保障されなかった。「匪」といわれるものには反日軍閥や強盗団など「匪族」があったが、もっとも怖がられ、勢力があったのは共産党の「共匪」であった。それを「討匪」したり、「潜伏匪」を摘発したりするのは軍隊の仕事であった。宣撫班員の任務は慰安などの娯楽、医療などの活動であり、民衆との接触で「共匪」情報を入手し、軍隊に伝達することもあった。班員はそうした共産党の潜入する土壌を除去するために、軍隊のゲリラ討伐の最前線に投入されていた。

一九三八年六月の満洲南部の熱河省の「宣撫綱領」は次の四つであった。(44)

1　宣撫班員は其の土地に定着常駐し民衆と共に隣人として終始するの心構を要す
2　宣撫班員は克く軍の戦時行動を理解し宣撫目的並に対象を適確に把握し宣撫本来の趣旨に随ひ十全の活動をなすを要す
3　宣撫班員は其の蒐集せる情報に基き大所高所間其の対症宣撫に重点を指向し「応病施薬」的に実施し苟も巷間の一部情報に神経過敏ならざるを要す
4　宣撫班員は口頭宣撫に堕せず山間僻地を行脚渉猟し武器なき戦士の心構を要す

この地域では華北に根拠地を置く共産ゲリラが万里の長城を越えて進入していた。しかもその年は大水害で住民の衣食住が窮していた。宣伝班は「排共思想を徹底普及する目的を以て作成せる各種布告、伝単、パンフレット」や「協和カルタ」、壁新聞、「興亜絵葉書」、絵本などを自参していた。宣撫班の口コミ工作を援護射撃するのが、ビラ、紙芝居などの小メディアであった。満洲では「宣伝の媒体機関として新聞、映画、ラヂオ等がその主役」として重視され、「国家の強力な統制下」に置かれていた[45]。しかし宣撫活動の現場では、「ラヂオ、新聞、雑誌は通り一遍の報道的な役目」を果たすメディアにすぎず、「生活者」を説得し、「匪民分離」に効果があるのは、ビラや口コミであるとの認識が強かった[46]。

華北での宣撫活動

日本軍は日中戦争が始まった頃は、戦力に余裕があったので、対敵ラジオ活動や飛行機によるビラ撤布に重点をおいていた。それは国民政府軍との師団規模の面と面との戦闘では効果的であった。しかし共産軍との戦いでは、対ゲリラ作戦が中心になったため、宣伝方法も構造的な変更を迫られた。日本軍への「共匪」による打撃は、華北では満洲や華中以上であった。共産軍の主力の八路軍が年々勢力を増し、国府軍を超える強敵となった。黄河の流域から満洲やモンゴル国境にいたる広い地域で共産党は根拠地や遊撃区などを虫食い状態で拡大し、神出鬼没の遊撃戦で日本軍を苦しめていた。

世界の戦史で今まで殆んど問題にしなかつた支那製の新しい怪物、それは「遊撃戦」である。これが日本軍の占領区の至る所にダニの如くへばりつき、支那の青蠅のようにうるさくやつて来て、日本のやつている政治、経済、文化のすべての工作を妨碍するのである。支那式の無神経さを以て、追へば逃げ、帰れば寄せる手に負へないしろ物で、非常の執拗さで、日本軍の忍耐力を試めそうとしている。しかも非常に広い範囲に於て、莫大な数に及んでいる。これの始末がつかなければ、どうにもならない。之れが今事変の一大特点である。(47)

そうした解放区へ集中的に攻撃を加えても、八路軍は農民の集落や山岳地帯に姿をくらましたため、大きな打撃を与えられなかった。むしろ日本軍支配の都市間を結ぶ鉄道沿線への抜き打ち的なゲリラ攻撃が日本軍の華北支配を大きく動揺させた。

とくに日本兵捕虜を使った八路軍の前線での宣伝活動が幹部をいらだたせた。延安や各地の日本労農学校や日本人民解放同盟で教化・訓練された延べ二、三千名の捕虜がトーチカや塹壕の日本兵に投降をメガホンやビラで呼びかける心理作戦は、日本軍のモラールを低下させるのにきわめて効果的であった。アメリカ軍も延安にその手法を学ぶためにミッションを送りこむほどに、遊撃戦の効果を増幅させる特異な宣伝手法に強い関心をいだいた。とくに宣伝専門の戦時情報局（ＯＷＩ）は捕虜教育や彼らを使った宣伝活動のノウハウを丹念に調査・分析し、膨大な報告書[48]を作成し、対日宣伝活動に役立てていたほどである。

日本軍の文書に中国戦線での日本兵捕虜の記録がほとんど出てこないのは、もともと捕虜を認めない日本軍の方針があったからであるが、実際に教え込まれた「戦陣訓」を無視して自殺しないばかりか、敵側に協力して自軍に宣伝工作を行なう多数の日本兵の存在に気づき、そのショックで中国派遣軍の幹部は大量の反戦捕虜の活動をことさら無視し、記録から意図的に排除しようとした。だが彼ら捕虜の存在は大きく、彼らの行動は記録から抹殺しきれなかった。一九四一年の「軍人軍属並邦人被拉致者調査票[49]」という珍しい資料がある。そこには延安で反戦活動を行なう人物の実名も数名出てくる。しかし彼らは投降した捕虜でなく、なんと「被拉致者」となっている。ともかくその「調査票」によれば、八路軍の捕虜による宣伝の特色は次のようになる。

1　反戦革命伝単ノ配布
2　「ラヂオ」ニヨル反戦放送
3　前線ニテ拡声機ヲ使用スル反戦演説

4　敵地ヨリノ通信ニヨル民心ノ惑乱

こうした宣伝方法は国府軍にも見られたが、八路軍ほど大規模で長期的ではなかった。とくに「伝単〔宣伝ビラ〕ノ配布」の方法は同軍の遊撃戦にぴったりであった。そこで日本軍の対八路軍への逆宣伝も、ゲリラ隊むけに限定したビラ中心の媒体を選択せざるを得なくなった。つまりは日本軍と八路軍の戦闘はビラとビラ、拡声器と拡声器との宣伝戦が中心となった。

日本軍の敵は中国では国府軍、共産軍、連合軍であった。したがって日本軍が使った方法やメディアは列挙すれば、けっこう多様となった。北支那特別警備隊が一九四三年に作成した「宣伝実施計画」によれば、宣伝実施の手段が非公開的方法と公開的方法とに分けられている[50]。

非公開的方法
(1)　秘密宣伝組織ヲ結成ス
(2)　秘密宣伝員ニ依ル民衆又ハ個人ニ対スル扇動
(3)　秘密宣伝員ニ依ル信書ノ逓送、宣伝物ノ撒布

公開的方法
(1)　施療
(2)　新聞、雑誌ノ普及、伝単「ポスター」写真ノ撒布及貼布
(3)　壁書

(4) 紙芝居、映画、演劇、民衆大会、講演会ノ実施
(5) 拡声器、蓄音器ニ依ル放送
(6) 具体的事実ノ実施(物資ノ応急配給、土建作業ノ援助、農業生産ニ対スル援助等)
(7) 所要ニ応シ都市見学ノ実施

ここでいう「秘密宣伝組織」とか「秘密宣伝員」とは何であろうか。注(43)の資料によると、宣撫班員は「大日本軍宣撫班」という白地に赤く染めた特別の腕章を付けていたので、秘密宣伝員ではない。華北の宣撫官も腕章を付けていたし、組織の看板を人通りに掲げていた。したがって秘密宣伝員は宣撫班や特務機関がひそかに雇った中国人の行商人、僧侶、帰順兵などではなかろうか。彼らは共産党と日本軍と支配地の間を両者から妨害を受けずに比較的自由に往来できたと思われる。「公開的方法」は新聞、雑誌を除けば、ミニコミに近いメディアの使用であった。

宣撫班の編成は満鉄の人員支援で華北では天津で一九三七年に始まったが、翌年から本部が北京に移る頃に本格的になり、「特務部宣撫班本部」を称するほどになった。まもなく内地で募集された宣撫官が到着し、各軍、兵団に配置されるようになった。彼らは「武器なき兵士」と呼ばれた(51)。一九四〇年には日本人一六二六人、中国人一二九九人に増加したが、最初受け持っていた鉄道沿線を新民会に譲って奥地へ奥地へと進出したため、犠牲者も一二四名に増加した(52)。

5　メディア戦術・戦略の成果と失敗

日本軍の工夫

馬淵の主導した陸軍報道部は各種メディアの機能を把握し、その時々の戦術に利用し、また中長期的な戦略構想のなかで育成・強化しながら、軍の目的遂行のために健闘した、と東京の陸軍軍務局や参謀本部では評価していた。それは東京よりもはるかに複雑で国際的な上海という「魔都」で、内外の敵対関係、友好関係を見分けながら、島国育ちの軍隊としては、海千山千の勢力やメディアを相手によく立ち向かったとの評価であろう。中国での日本軍は事変当初、明治後期からの「新聞操縦」の伝統や大正デモクラシーでの新聞班や満鉄の弘報課のPR的な穏健な姿勢を適用するが、しかし一方では満洲から引き継いだ宣撫活動に見られた軍事的工作の実施も忘れなかった。たしかに図1や「大綱」、「概況」などはメディア戦術、戦略の経験と分析の成果である。内地で顕著となった横暴な弾圧、統制の軍の姿勢だけを持ち込んでは、到底その目的は達成できなかったろう。

太平洋戦争中、アメリカのラジオ傍受分析専門機関のＦＢＩＳ（連邦放送諜報局）が中国大陸で日本側管理の海外向けラジオを傍受し、その内容分析を行なっていた。北京、広東、新京のラジオ局では各一局しか常時傍受していなかったが、なんと上海では五局が対象となっていた。[53] また戦時情報局（ＯＷＩ）や戦略諜報局（ＯＳＳ）が上海発信のラジオを傍受して、そこから中国の日本軍の動きを探るリポートを作成していた。また国民政府や共産党も旧租界に潜伏しながら、日本側メディア報道の分析を怠らなかった。上海に拠点を置く馬淵らの活動は連合軍側に注視されていたのである。連合軍側も共産党側も日本軍側の宣伝工作に反論、打ち消しの宣伝を行なうなど敏感に対応していた。

ほとんど知られていないが、チソルム・ケースなるものがある。ロバート・ドン・チソルムというアメリカ人が、戦時中に上海にあった日本軍支援の英語ラジオ局XMHAで反米的な放送を行なっていたとして、国家反逆罪の疑いで、一九四五年十月に上海のアメリカ陸軍当局に逮捕された。彼は司法省の不起訴決定で一九四六年八月に釈放となったが、その間の尋問や関連人物の証言の書類がアメリカ国立公文書館に残っている。たとえばイエダ・ヒロシなる日本人は、チソルムが同局にニュース・アナウンサー兼コメンテーターとして雇用され、日本軍から二百円、局からそれ以上の給与を得ていた経緯を証言している。(54) 同じ頃、参謀本部の恒石重嗣《つねいししげつぐ》大佐らは、日系二世のアイバ・トグリ・ダキノ(戸栗郁子)らを使って日本放送協会の海外放送(ラジオ・トウキョウ)で反米的ディスク・ジョッキーを流してアメリカ兵の人気を得ていたが、トグリは占領下で逮捕され、アメリカで禁固十年の重罪となった。この東京ローズに比して、チソルムは捜査が上海で扱われたことと白人男性であったこと、アメリカ本国に知られることも少なかったため無罪放免となり、歴史に残されることはなく、関係者からも忘れ去られた。しかし日本軍がトグリ同様にチソルムに利用価値を見出し、彼がそれに積極的に応じたことは注目されるべきだろう。

ともかく馬淵の活躍した時期は、日本軍が電撃的な中国侵略を敢行していた日中戦争初期であった。ところが太平洋戦争が始まるや、その報道部に見るべき成果が出ていない。馬淵その人が東京の陸軍報道部長になったのは、ちょうど日米開戦一年前であったが、その派手なメディアでの露出が東条首相や軍上層部に疎まれ、開戦を見る間もなく、更迭されたことも一因であろう[55]。それよりも大戦が始まると、宣伝よりも謀略に陸軍の力点が移って行ったことがあろう。もともと報道部の地位は陸軍のなかで低かった。内閣情報部、さらには情報局ができても、陸軍報道部はそれを軽視した独自の専横な行動をとっていたが、陸軍内部では参謀本部の動きに口出しできなかった。影佐や辻が上海や南京で馬淵を指導したように、参謀本部派遣の高級将校が作戦の決定権を握っていた。情報専門の参謀第二部が作戦専門の第一部に従わねばならなかった権力構造のなかで、報道部の占める地位が低くならざるを得なかったのは、しごく当然と言えよう。

影佐は巧みな謀略やメディア戦略で汪政権を樹立したが、彼もまたその功績が中枢部にはさほど省みられないどころか、首相ににらまれ左遷させられた。そうなると、彼以上にメディア戦略を重視したり、彼以上に報道部を理解したりする高級幹部は現われなかった。

南京事件の宣伝戦への甘い対応

一九三七年末の日本軍の南京占領の際に日本軍が中国兵捕虜ばかりか一般市民まで多数を死傷させた南京事件が起きたことはたしかであるが、それが中国側のいう〝三十万人の大虐殺〟であったかどうかは今も大きな論争になっている。蒋介石が満洲事変では泣き落し宣伝、支那事変では都市空襲のでたらめな報道で「欧米の輿論を自国へ有利に導く」戦術を繰り返していると、馬淵は一九四〇年に非難している。彼によれば、それにもかかわらず三年間も重慶政府のデマ宣伝が暴露されないどころか、外国から好意をもって迎えられているのは、「日本が強いことに対する外国の蔑視」

にあると断定している。[56] もちろん彼は三年前の南京事件について直接触れていないが、その勃発と経過を熟知していた。あの南京での日本軍の行動に対する批判が〝南京大虐殺〟として国際的に大きく報道されていることに彼は職掌上いらだっていたことはたしかである。さらに彼は「南京には外人記者が二、三居残つて、市中を巡回した形跡があつた。彼等は攻略日本軍の行動を観察して、アラ、欠点を探索し第三国の対日輿論を悪化せしめんとするスパイ的存在」と口をきわめて一部の外国人記者を攻撃している。[57]

二、三の〝スパイ的〟記者というとき、馬淵の頭にあった一人はチンパレーなる『マンチェスター・ガーディアン』記者であろう。なぜなら当時上海で馬淵の部下であり、後に北支軍報道部長・陸軍大佐になった人物が、馬淵らの上海報道部の外国人記者会見の当時の現場を再現した文章のなかで、次のようにその記者に触れているからである。[58]

チンパレーと謂ふ英国人が居た。確か倫敦あたりから派遣された者であつた。南京陥落直後、彼の打電原稿に「日本軍は七十萬（？）の良民を虐殺し、六十歳の老婆に暴行を加へた」等見て来た様な文句を並べてあつたので、検閲官はその発信を差し留め，字句の修正を要求したに対し、彼は厚釜しくも記者会見場に於て何故検閲官は打電を拒みたるや、等の不平を公言した。私共はこれに対しその事実無きを説明し、且それ以来彼を相手とせず、彼を黙殺したので、遂に上海に居ることが出来ず、帰国したらしかつた。

馬淵ら陸軍報道部もチンパレーの誇大報道に困惑し、彼の取材活動を監視し、彼の南京報道を検閲で妨害したことがわかる。その記者の手になる英文の記事や著書が大虐殺説を世界に流布させ、日本軍の中国侵略への国際世論の非難を高め、対日イメージを一層悪化させたというのは通説である。最近、チンパレーが国民党国際宣伝処の顧問となっていたことが確認されたが、彼が日本側の監視・検閲を受けながら、なぜその誇大報道が外国に伝わったかについては、「日本側が干渉できない航空便や無電で記事を送ることも可能であったはずである」との推測にとどまっている。[59] どのチャンネルから彼の報道が海外に流出したかの解明は今後の課題である。ともかく馬淵も報道部のスタッフも、チンパレーが当時国民党から「新聞操縦」を受けていたことをまったく見抜けていなかったことだけはたしかである。

『週刊朝日・アサヒグラフ』の〝大虐殺落書〟写真

戦局が激しく変わるなかで、馬淵らは「真実性なき宣伝は必ず尻が割れて、終には逆効果を齎すと云ふ原則[60]」を悠長に信じている。それどころか「南京攻略ニ方リ敵ノ遺棄セル死体ハ八、九万ヲ下ラズ俘虜数千[61]」といった記者発表を報道部自らがするばかりか、それを著書に不用意に収録する始末である。また「素晴らしい南京戦の戦果、敵の遺棄死体五三、八七四体[62]」といったこれみよがしの発表も甘かった。馬淵ら陸軍報道部の記者会見における不用意な日常の記者発表がチンパレーらの「アラ探し」を許したし、彼らの検閲網、監視網に隙があったことが分かる。これでは蒋介石側の宣伝に利用され、その主張に信憑性を与えかねなかった。

一九三八年五月二十日発行の『週刊朝日・アサヒグラフ臨時増刊支那事変画報』第一六輯に興味深い写真（図2）がある。

同誌はこの写真を掲載した際、「和県城外の人家の壁に支那人が残した落書」とキャプションに記している。そこは、南京占領後の作戦として揚子江上流の漢口を目指していた日本軍が当時攻略・占領したばかりの南京西方七〇キロの地である。興味深いのは、日本軍がこの写真を同誌に掲載許可したことである。

図2　「中国ノ人民ヲ虐殺スルナ」（『週刊朝日・アサヒグラフ増刊号』第16輯、1938年5月20日）

この落書にある松井とは松井石根《いわね》大将で、南京事件の際の中支那方面軍司令官であった。彼は南京事件の責任者として東京裁判でA級戦犯となり、東条、土肥原らとともに処刑された。この落書の出現は、松井司令官が「大虐殺」直後にその事実を認識し、軍内に再発防止を指示する軍令を出していたこと、日本の週刊誌にその掲載を許すほどに反省の姿勢を示していたこと、そしてそれが半年後には中国軍側に漏洩し、前線では日中両軍に周知の事実になっていたことを示唆している。

時期も場所もずれるが、同じような日本兵の戦争犯罪を追認し、その種の行動の再発を予防しようとする日本軍司令官の自軍兵士への呼びかけの事例がある。従軍画家として戦争末期に長沙前線に派遣された島崎蓊助《おうすけ》は長沙南門付近の中国人街の壁と、日本兵の部隊が通過する表通りの壁へ二枚の壁画を描いた。それぞれに〝焼くな、盗むな、犯すな〟のスローガンを日本語で書いた。南京事件六、七年後となっても、日本軍の犯罪は上からの指令を無視して頻発していたようである。日本軍に対して前線の国民党軍はアメリカ軍の支援を得て、ビラなどで前線の日本兵にその残虐さを訴えていたし、ラジオや雑誌で世界に繰り返しアピールしていた。中国や国際世論の高まりは日本兵の行動に厳しく向けられていたので、それを知る司令官は軍令を出して防止しようとしていたが、凄惨な前線に送られて、死に向かい合っている将兵は聞く耳を持たなかったようである。島崎は軍報道部の指示で壁画を描くだけであった(63)。

こうした込み入った写真や壁画の出現は、日本軍がゲリラ戦に弱く、敵のゲリラの撒布するビラや落書作戦に対抗しきれなかったことも示している。日中戦争が泥沼に入ってから本格導入を図った宣撫工作班も、宣撫班員に中国語のしゃべれる者が少なかったこともあって、効果は薄かった。ともかく松井司令官らは中国人被害者への贖罪意識からではなく、日本兵の軍規無視の残酷行為への国際世論批判の高まりを予防するために、こうした姑息な方法を編み出したのだろう。

太平洋戦争下での中国メディアの抵抗

上海事変後、日本のメディア統制は強まったが、共同租界では工部局、フランス租界では公董局による間接統制であったため、日本の命令が骨抜きにされることが多かった。しかるに太平洋戦争勃発とともに上海のメディアは日本軍の統制下におかれた。日本軍は外国人名義のメディアの存在を許さなかったし、登録制を強行したため、抗日メディアの多くは廃刊したり、廃業したりした。しかし日本軍が厳禁する短波受信機を所有する受け手が多く、送り手の方でも日本の検閲の目をごまかせるように反日記事や枢軸国敗退の情報を行間に挿入するなど、したたかな抵抗を行なっていた。次の表2は上海特別市警察局『警察月報』の二つの時期の削除件数をまとめたものである(64)。

表2　上海有力紙、通信社の削除件数

新聞社	1943年9月	1944年6月
新聞報（華字紙）	17	14
申報（同）	23	16
新申報（日系華字紙）	12	5
上海タイムス（英字紙）	4	0
イヴニングポスト（同）	1	0
オスタシャロイド（独字紙）	3	0
ニューライフ（ソ連系）	3	20
通信社		
中央社	9	0
アヴァス	1	0
ステファニー	2	0
タス	107	98

一九四三年六月の『警察月報』によれば、タスに一〇七件もの多数の削除があったのは、ドイツ軍の敗退、暴行の報道、ナチズムの罵倒などの報道のためという。そして「一般的ニ見ルモ当地出版界ハ大東亜理念欠如シ、未タ商業的営利主義ノ旧態依然タル報道」に終始していると嘆いている。陸軍肝入りで創刊された『新申報』でさえも、中国人記者がナショナリズムに駆られて日本人編集幹部の目を盗み、日本軍当局をいらだたせる記事をときどき挿入していたことを示している。

『朝日』記者への買いかぶり

そうすると、やはり信用できるのは日本人記者ということになるのか。影佐は報道や宣伝に関心のある珍しい参謀であった。したがって馬淵を大事にしたし、また日本を代表するジャーナリストとの交際を重視した。彼や軍機関は青幇《チンパン》を利用した暗殺工作を非公然に指揮する一方、『朝日新聞』がお気に入りで、平和的、紳士的な同紙の中国専門記者を多数、顧問や嘱託に引き抜いた。かつての〝国賊新聞〟で今や〝国策新聞〟に転換した同紙に対し、一般読者は反軍的リベラリズムの新聞との神話を依然としていだいていたため、国内世論工作には同紙の利用価値が高いと見たのであろう。『大陸新報』や『新申報』の朝日新聞社による発行引受け決定も、影佐―緒方ルートから実現したものであった[65]。朝日新聞社による両紙の子会社化の進捗は、一九四四年一月の朝日新聞社の業務会議で「大陸新報値上ゲノ件並ビニ申報取扱ヒノ件」が議題となっていることからも確認できる[66]。また南方支局への派遣や戦死者の増加で記者の人員不足に悲鳴を上げていたときに、上海と北京の陸軍機関の要請に従い、以下のような中堅幹部を「供出」することも行なった[67]。

1、上海及北京軍機関への社員供出

上海陸軍部の新機関「企画審議室」に本社より臨時嘱託として参加する考査室員伊東盛一、上海総局員甲斐静馬、東亜部員蔵居良造、並に北京の特別警備隊機関同様の資格にて参加する平松億之助（大阪）、石川治良（出版局図書出版部）の五君はそれぞれ既に現地に赴任、伊東君は二月八日上海に到着した

2、森論説委員を上海に特派

上海総局員甲斐静馬君二月中旬より軍機関に転出後同総局の外電情報取扱専務に支障を来た

すため、論説委員森恭三君を同総局応援として短期間特派することとなった、今月末出発の予定

しかし彼ら記者は期待に反し、斬新なメディア戦略を生み出す力量がなかった。彼らは現地軍部将校と同様に、戦局の展開に翻弄されるばかりで、国際的にものごとを冷徹に判断できない島国育ちの人間であった。軍人が世界を相手にしていたのに対し、日本のメディア人は日本語圏でしか活躍できなかったので、軍人よりもさらに空間的な視野が狭かった。また軍という権力を批判する勇気を持っていなかった。したがって彼らの進言や報告書からはこれといった成果の記録が見出せないのは当然といえば当然であった。影佐、馬淵は彼らを買いかぶりすぎていたのだ。

おわりに

影佐や馬淵を排除した東条は、戦術的には目先の方針を編み出すことができ、開戦初期には華々しい成果を挙げたが、長期的な戦略を打ち立てられなかったため、戦局は徐々に悪化した。宣伝はその効果が遅く、逆に謀略は結果を早く出せる。戦局が悪化し、総力戦を推進する国力が失われると、メディア戦略のような作戦は軽視された。東条に比するに、蔣介石も毛沢東も戦術的には失敗があったが、究極的には日本軍打倒に成功した。彼らは宣伝やメディア戦略においても日本のリーダーを上回っていたといえよう。

日本のメディアは日本軍の従属変数にすぎなかった。時流に流され、軍部の戦略・戦術の手先に

過ぎなかった。緒方は終戦直前には和平工作への動きを見せたが、軍の方針を変える影響力はなかった。彼が戦後に語っているように、二・二六事件以降は『朝日新聞』は軍部への抵抗を放棄していた。影佐の顧問の任期が終わった神尾は体制翼賛会推薦の議員となった。ひょっとすると影佐が彼に期待していたかもしれない軍部への苦言の提示は見られなかったどころか、追従するだけであった。大きくは『大陸新報』や『新申報』の刊行にかかわり、小さくは火野葦平の「兵隊三部作」の最後の作品『花と兵隊』の連載やそれへの朝日新聞文化賞授与に見られるような、軍への安易な便乗が目立つのみであった。

注

(1) 山本武利『新聞記者の誕生』新曜社、一九九〇年、二八五頁参照。
(2) 大谷正『近代日本の対外宣伝』研文出版、一九九四年、三三八頁参照。
(3) 山本武利「日本における初期プロパガンダ研究——操縦と善導」『広報研究』第四号、二〇〇〇年参照。
(4) 樋口季一郎「アッツキスカ軍司令官の回想録」、上法快男『陸軍省軍務局』芙蓉書房、一九七九年、四九二〜四九三頁所収。
(5) 内川芳美『マス・メディア法政策史研究』有斐閣、一九八九年、二二四頁参照。
(6) 秦郁彦編『日本陸海軍総合事典』第二版、東京大学出版会、二〇〇五年、三〇八頁参照。
(7) 杉田一次『情報なき戦争指導——大本営情報参謀の回想』原書房、一九八七年、三九八〜四〇〇頁参照。
(8)『宣撫月報』(一五年戦争極秘資料集、補巻二五、不二出版、二〇〇六年)の別冊所収の山本武利「解説」参照。

(9) 日高昇「対外宣伝に対する一つの主張――故古城胤秀少将の霊に捧ぐ」『宣撫月報』一九三八年十二月号。
(10) 粟屋憲太郎・茶谷誠一編『日中戦争　対中国情報戦資料』第三巻、現代史料出版、二六七～二六八頁。
(11) 小森慶三「新聞」、上海市政研究会編刊『上海の文化』一九四四年、三六八～三六九頁。
(12) 同盟通信社調査部『国際宣伝戦』高山書院、一九四〇年、一三〇～一三一頁。
(13) 高橋孝助・古厩忠夫編『上海史――巨大都市の形成と人々の営み』東方書店、一九九五年、二一六頁参照。
(14) 晴気慶胤『謀略の上海』亜東書房、一九五一年、八二～八三頁参照。
(15) たとえば『大陸往来』一九四一年一月号に「宣伝戦の本質」を掲載しているし、『山東文化』一九四一年二月号には瀬戸村伸一「馬渕逸雄論」が掲載されている。
(16) 馬淵逸雄『報道戦線』改造社、一九四一年。
(17) 西岡香織『報道戦線から見た「日中戦争」――陸軍報道部長馬淵逸雄の足跡』芙蓉書房出版、一九九九年、五頁。なおここに記述した馬淵の軍歴は同書に依拠している。
(18) 石原円弥「馬淵部長の横顔」、支那派遣軍報道部編刊『紙弾』一九四三年、七〇頁。
(19) 馬淵逸雄「序」、中野実『香港』蒼生社、一九四一年（ゆまに書房復刻版、『文化人の見た近代アジア』12、二〇〇二年所収）。
(20) 『日本侵華大写真』汕頭大学出版社、一九九七年。引用部分はこの復刻版による。
(21) 「大網」はアジア歴史資料センターC04121294800、「概況」はC11110772800。
(22) 太田宇之助『生涯――新聞人の歩んだ道』行政問題研究所出版局、一九八一年、一七一頁参照。
(23) アメリカ国立公文書館所蔵　Shanghai Municipal Police, RG263 Box23D3019。
(24) アメリカ国立公文書館所蔵　Shanghai Municipal Police, RG263 Box55。

（25）石射射太郎「上海ニ於ケル「ラジオ」ニ関スル調査報告ノ件」一九三三年二月二十八日。アジア歴史資料センターC05023280000。
（26）前掲（注18）『紙弾』所収の末藤知文「草創の記」一二六頁と三宅儀明「思ひ出」一七〇頁参照。
（27）たとえば一九四三年三月十一日付けで、五島茂上海刑事特高課長は短波受信機を所有する共同租界居住者に「ラヂオ登記」するよう通達を出している（上海档案館所蔵資料）。
（28）小山栄三『大東亜戦争と中国民衆の動向』民族研究所、一九四三年、二四八頁参照。
（29）永井卯吉郎「支那に於ける外人記者」前掲（注18）『紙弾』一二二頁。
（30）川崎賢子「「外地」の映像ネットワーク——一九三〇年代〜四〇年代における朝鮮・満洲国・中国占領地域を中心に」（『岩波講座「帝国」日本の学知』第四巻、二〇〇六年所収）を参照。
（31）支那派遣軍報道部編刊「支那事変と放送」（宣伝教育資料 其三）一九四〇年六月、二六〜二七頁。
（32）上海档案館所蔵資料。
（33）中山龍次『戦ふ電波』科学新興社、一九四三年、五四頁。
（34）吉本貞一「大陸新報補助金ニ関スル件」一九三九年三月十九日付け、アジア歴史資料センターC03110002022。また注65も参照。
（35）前掲（注16）『報道戦線』所収の「戦中文学と火野葦平」と『Intelligence』第六号の松本和也「事変下メディアのなかの火野葦平——芥川賞「糞尿譚」からベストセラー「麦と兵隊」へ」。
（36）前掲（注34）吉本貞一論文。
（37）神尾茂『香港日記』（自家版）一九五七年、一七三頁。
（38）「太田宇之助日記（昭和一五年）」『横浜開港資料館紀要』第二〇号所収の六月二十七日の日記参照。
（39）前掲（注10）『日中戦争　対中国情報戦資料』第三巻、二九〇〜二九四頁所収。

(40)『「帝国」日本の学知』第四巻（岩波書店、二〇〇六年）の里見脩「同盟通信社の「戦時報道体制」――戦時期における通信社系メディアと国家」を参照。
(41) 前掲（注16）『報道戦線』三七二頁参照。
(42) 防衛庁防衛研究所『戦史叢書　北支の治安戦（2）』朝雲新聞社、一九七一年、六〇〇頁参照。
(43) 伊佐秀雄「日支宣伝戦」『宣撫月報』一九三八年九月号。ここに出る八木沼とは天津軍司令部について宣撫班結成を指導した満鉄出向の八木沼班長である（青江舜二郎『大日本軍宣撫官』芙蓉書房、一九七〇年、三二六、三七三頁参照）。詳しくは、次章一七六～一七七頁参照。
(44) 熱河省長官房「熱河省宣伝宣撫計画」『宣撫月報』一九三八年十二月号。
(45) 高橋源一「弘報行政論――満洲国弘報行政を中心に」『宣撫月報』一九三八年九月号。満洲のラジオに関しては、山本武利「満洲における日本のラジオ戦略」（『Intelligence』第四号、二〇〇四年四月。本書第七章所収）と『「帝国」日本の学知』（第四巻、岩波書店、二〇〇六年）の川島真「帝国とラジオ――満洲国において「政治を生活すること」」を参照。
(46) 金子政吉「農村宣撫の実際」『宣撫月報』一九三九年三月号。
(47) 長野朗『遊撃隊・遊撃戦研究』坂上書院、一九四一年、二一～三三頁。
(48) 山本武利編訳・高杉忠明訳『延安リポート』岩波書店、二〇〇五年参照。
(49) 前掲（注10）『日中戦争　対中国情報戦資料』第八巻、六二五～六三三頁参照。
(50) 前掲（注42）『戦史叢書　北支の治安戦（2）』四六六頁。
(51) 防衛庁防衛研究所『戦史叢書　北支の治安戦（1）』朝雲新聞社、一九六八年、七八頁参照。
(52) 前掲（注43）『大日本軍宣撫官』三二七～三二八頁参照。
(53) 山本武利「活用すべきアメリカの日本ラジオ活動の傍受記録――第二次大戦期の東アジア・ラジオ関係

基礎資料」『アジア遊学』第五四号、二〇〇三年八月号参照。

(54) アメリカ国立公文書館所蔵、Investigation Report of Chisolm#12, RG226Entry182A Box16 F 121。

(55) 前掲(注17)『報道戦線から見た「日中戦争」――陸軍報道部長馬淵逸雄の足跡』。

(56) 前掲(注16)『報道戦線』一九三～一九五頁。

(57) 同上、七二頁。

(58) 永井卯吉郎「支那に於ける外人記者」前掲(注18)『紙弾』一二二頁。

(59) 北村稔『「南京事件」の探究――その実像をもとめて』文春新書、二〇〇一年、四九頁。なお同書では
チンパレー(Timperley)が「ティンパーリー」と書かれている。

(60) 前掲(注16)『報道戦線』一九四頁。

(61) 同上、七一頁。

(62) 読売新聞社編輯局編『支那事変実記』第五輯、非凡閣、一九三八年、二八六頁。

(63) 加藤哲郎・島崎蓊助編『島崎蓊助自伝――父・藤村への抵抗と回帰』平凡社、二〇〇二年、一三五頁。

(64) 上海市档案館所蔵資料。

(65) 山本武利『朝日新聞の中国侵略』文藝春秋、二〇一一年、参照。

(66) 「業務会議記録」一九四四年一月十八日(東洋大学図書館千葉文庫所蔵)。

(67) 「編輯総局報告事項」一九四四年二月(東洋大学図書館千葉文庫所蔵)。

第六章　『宣撫月報』とは何か

満鉄と満洲国の「弘報」

南満洲鉄道（満鉄）は日露戦争でロシアから獲得した鉄道および鉱工業の付帯事業を運営していた。同社では、内地の会社には見られぬ広報活動を早い時期から現地で積極的に行なっていた。創業以来、租借地で経営する満鉄の経営者は内地の企業では経験する機会がない異民族対策を行ないつつ、他方では外国からの帝国主義批判を避けるための国際感覚を持たねばならなかった。一九〇七年創設の満鉄調査部は経営活動を的確に行なうための情報収集と分析を行なってきた。またPRや宣伝を行なうための専門部門として弘報係を置き、満洲の内外を対象とした活動を行なってきた。

植民地企業としての特異な経営形態とそれに対する後藤新平総裁の鋭い認識を反映させたものであった。創業まもなく調査部や東亜経済調査局が設置され、情報分析に力を入れた。さらに一九二三年に社長室直属として弘報係を創設し、各メディアを使って主として満洲人、漢人向けの広報活動に乗り出した。そして一九三一年の満洲事変と翌年の満洲国建国がその経営姿勢をより積極化させることになった。弘報係が一九三六年に総裁室弘報課に拡充されたとき、人員は約百名、経費予算は六〇万円に膨らんだ。そうして次の五係がそれぞれの事務を分掌した(1)。

庶務係　　　庶務、社史の編纂、課内刊行物の印刷配布、他係の主管に属せざる事項
弘報第一係　国内(満洲国を含む)宣伝、写真、博覧会、共進会等の開催及参加
弘報第二係　国際宣伝、宣伝機関の連絡統制
情報第一係　情報の蒐集、通報及公表
情報第二係　情報機関の連絡統制、情報の整理及編纂

満洲国建国の一九三二年に一国一通信社の方針で満洲国通信社が設立されたが、その設立の背後には、満洲事変を起こし、同国を設立するという謀略を実行した関東軍という日本陸軍現地部隊によるメディア統制、世論誘導の断固たる姿勢があった。その後の満洲のメディアや宣伝の動き全てには、関東軍が見え隠れするようになった。関東軍から相対的に自立していた満鉄でも、弘報課の拡充は満洲国弘報処の樹立と相互に深く関係していた。

ともかくここで確認したいのは、満鉄が培養した土壌のなかで、関東軍も満洲国も満鉄の宣伝の戦術・戦略を学ばざるをえなかったことである。両者に満鉄では目立たなかった謀略色が濃く出たのは、陰謀による傀儡国家樹立であったことを反映している。関東軍は国務院総務庁に命じ、弘報処を新設させた。これ以降、満洲弘報協会に代表されるように「弘報」という二文字の機関が氾濫するが、そうした機関は「多かれ少かれ直接間接に此の満鉄初期の宣伝に負ふ所少なからずといふ

も過言でない[2]」。

ところで弘報処なる機関は建国とともに満洲国の資政局内にできていたが、一九三三年二月に情報処に名称変更して総務庁に置かれた。情報処では

1　宣伝の計画および実施
2　政府部内宣伝の連絡統制
3　民間宣伝団体の監理

を実施することになった。さらに情報処は一九三七年七月に外務部の任務としていた対外宣伝を統合して弘報処に改称し、次の三つの科をその下に置いて一元的な宣伝行政にあたることとなった[3]。

1　監理科
イ　弘報機関の統制、監理
ロ　弘報に関する調査
ハ　他科の主管に属せざる事項
2　情報科
イ　情報の蒐集、整理及通報
ロ　情報の連絡統制

3　宣伝科

イ　宣伝計画

ロ　宣伝の連絡統制

ハ　重要なる対内外宣伝の実施

一九三八年末の弘報処の内部機構と、その任務ならびにその責任者は次のようになっていた。(4)

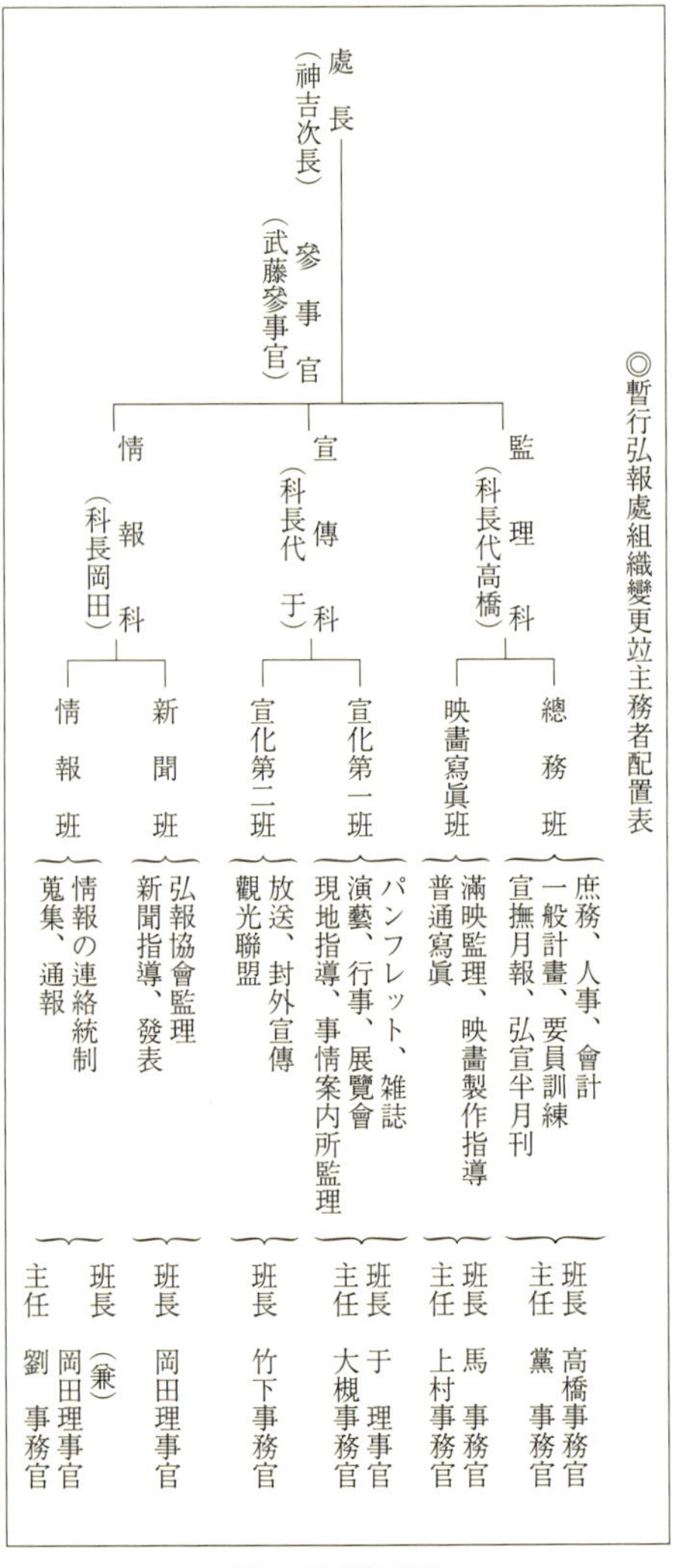

図1　弘報処組織

（『宣撫月報』1938年11月号、188～189頁）

処長は神吉正一、参事官は武藤富男、監理科長代理は高橋源一、情報科長は岡田益吉であった。このうち岡田は『東京日日新聞』の陸軍省クラブ所属記者から情報処事務官に一九三四年に転進していた。[5] 取材力、表現力など専門の記者能力を買われたのであろう。

満洲国ではその傀儡的イメージを払拭し、国際的な認知を深めることが対外的宣伝の主目的であった。一九三八年時点では外国人記者は上海に一三〇人、天津、北京に各三〇人いたというが、彼らの結成するプレス・ユニオン（記者クラブ）への工作を宣伝科が重点的におこなった。その工作には、日露戦争時の本土の「新聞操縦」に似た買収・接待とともに日常的な情報提供が含まれた。満洲や中国に所在する各国ロータリー・クラブや商工会議所、外交機関などへの情報提供も熱心になされた。重視されたのは、新京で発行される御用英字紙『マンチュリア・デーリーニュース』の彼らへの送付と同紙記者による取材であった。[6]

弘報処は監理科を中心に国内のメディアを統制、監理していた。満洲族、漢族、朝鮮族、蒙古族と日本人という五族の協和のために、メディアによる宣伝活動に力を注いだ。「弘報手段には映画、講演、雑誌、パンフレット、新聞などがあるが、最も一般的に効果の高く広いのは新聞」[7] であるとして、各国語の新聞の統廃合と監理を進めた。またリテラシーの低い民族への宣伝には、上映場所に白いカーテンを置くだけでよい映画が「国家宣伝の最重要武器」[8] として活用された。さらに広い空間に瞬時に伝達できるメディアとして、ラジオも年々重視された。[9] これらの最終目的が他民族の日本化、皇民化にあったことは言うまでもない。

満洲国初期の「宣撫」を担った満鉄

満鉄では沿線の治安確保のために創業時から宣撫活動を社員自身が行なっていた。宣撫とは、武力で制圧した地域の民衆の反乱・反抗を抑圧・誘導するために占領軍やその支配政府が行なう文化的工作である。弘報課を中心とする宣撫工作は満洲国に弘報処ができてからも継続された。それどころか満鉄の長年にわたる宣撫活動の経験とノウハウが満洲国でも活用された。いや満洲国の初期の宣撫活動は満鉄が担っていたといって過言ではなかった。「この事業に馴れていた満鉄系統から多数の宣撫班を編成、軍に配属し、住民宣撫に当り、作戦上大きな効果」[10]をあげていた。

関東軍の支配が拡大・強化されてきても、武器を持たない満鉄社員による沿線住民にたいする人心収攬のための広報活動とそれと連携した宣撫工作は継続されていた。

現地における宣伝戦の立役者は宣撫班である。「討匪行」の作者として知られている八木沼丈夫氏が宣撫班の総元締として頑張り、本部で多数の班員を指揮しているが、班員は幾人かの満人を連れて占領地区へ飛出し、抗日思想に捉はれている支那人に対し、日本軍に対する信頼と服従とを呼び起す工作に従事している。宣撫班の任務は単に宣伝だけではなく、逃げ後れた民衆を城内に止めるために文書によつて勧告したり、多数の通訳を使つて日本軍は武器を持たない善良な人民には決して危害を加へるものでないことを説いて聴かせたり、場合によつては食物や薬品などを与へたり、敵の死者のために無縁仏を立ててやつたりするが、何と云つても支那の民衆に対する日本の真意を宣伝することが最も重要な仕事である。[11]

ここに出てくる八木沼とは、天津軍司令部で宣撫班結成を指導していた満鉄出向の八木沼丈夫班長である。[12] 彼は大連の『満洲商業新報』主筆や『満洲日報』ハルビン支社長などを経て、一九二九年に満鉄に入社した。彼は当初は弘報係主任など総務関係の仕事に従事したが、同社の鉄道警務局で宣撫活動の実績をあげ、一九四〇年には警務部次長に昇進した。また関東軍だけでなく、北支派遣軍に参与するようになった。そして天津から北京の日本軍の宣撫活動を指揮し、新民会中央訓練所長を兼務する。[13] また満鉄には、華中の日本軍の宣撫活動に主要な役割を果たす熊谷康に代表される満鉄上海事務所のグループもいた。[14] 内地から派遣される宣撫班員に比べ、彼らの強みは中国語を話せることであった。

弘報処の宣撫工作

しかし満鉄の弘報課と社員による宣撫活動は、満洲国の基盤形成にしたがって国務院弘報処に肩代わりされることになる。そのため陸軍省軍務課が内地で宣撫班員を本格的に募集するようになった。たとえば一九三九年度の第二回募集は、三月末から四月初旬に全国一二地区でなされ、六五〇人を採用するという大規模なものであった。[15] それは満洲ばかりでなく華北、華中にも派遣される要員であった。もちろんこれらの募集活動や彼らの現地派遣には関東軍のバックアップがあった。『宣撫月報』に出る工作用語を使えば、宣撫班は共産党軍の支配する地域、つまり治安の悪い地域の掃討、当時の軍隊用語で「剿共《そうきょう》」（共産党撲滅）に重点的に派遣された。彼らの「討匪行」では班員の「明日の命」はまったく保障されなかった。

事実、第一線部隊の宣撫委員は、ある地点を占拠した翌日には、昨日の敵を今日は友とするのである。時には、今もつて敵であると知つていても、その敵を友にするのである。もちろん、反抗する敵とは直ちに、一騎打の勝負をする。しかし、心の中に敵意を持つていたとしても、従順の態度を示している敵ならば友とするのである。

昨日まで、ひたむきに、戦友の死屍をふみ越えふみ越え、あふれる敵愾心を、更にふるひたてて闘い続けていたものが、とたんに、青い服を着た敵側の国民に手を伸して握手するときの心理は、あまり穏やかではない。血みどろになつて倒れた戦友の顔が、うかんで来ると、とたんに、心の中は複雑にかき乱れる。

しかし、左の腕に「宣撫委員」と書いた白布の腕章をつけると、その複雑な心を、じつとおさへ、下手な、おぼつかない支那語で、微笑をもつて支那人に話しかけるのが、宣撫委員の責務なのである。(16)

一般に「匪」は反日軍閥や強盗団など「匪族」であったが、もっとも怖がられ、勢力を強めたのは共産党系の「共匪」であった。それらを「討匪」したり、「潜伏匪」を摘発したりするのは軍隊とくに特務機関の仕事であった。宣撫班員の任務は慰安などの娯楽、医療などの活動であったが、民衆との接触で「共匪」情報を入手し、軍隊に伝達することもあった。

北部からはソ連、南西部からは中国共産党の影響を受けた赤いパルチザンが浸透し、抗日勢力と連携し、「容共抗日」活動を活発化するようになった。「共匪」とか「通ソ」といった言葉が各メディアに氾濫しだした。そこで親日的民衆を組織化した協和会を媒介にしたり、弘報処の宣撫班が民衆に直接接触したりして、彼らを馴化させる全満的な活動が展開された。とくに国境地域では共産党対策に重点を置いた「匪民分離の宣伝宣撫工作」がなされた。そうした共産党の潜入する土壌を除去するために、軍隊のゲリラ討伐の最前線に重点的に投入されたのが宣撫班員であった。第五章でも引用したように、一九三八年の熱河省の「宣撫綱領」は次の四つを掲げていた。[17]

1　宣撫班員は其の土地に定着常駐し民衆と共に隣人として終始するの心構を要す
2　宣撫班員は克く軍の戦時行動を理解し宣撫目的並に対象を適確に把握し宣撫本来の趣旨に従ひ十全の活動をなすを要す
3　宣撫班員は其の蒐集せる情報に基き大所高所間其の対症宣撫に重点を指向し「応病施薬」的に実施し、巷間の一部情報に神経過敏ならざるを要す
4　宣撫班員は口頭宣撫に堕せず山間僻地を行脚渉猟し武器なき戦士の心構を要す

この地域では華北に根拠地を置く八路軍が万里の長城を越えて侵入していた。しかもその年は大水害で住民は衣食住に窮していた。宣伝班は「排共思想を徹底普及する目的を以て作成せる各種布告、伝単、パンフレット」や「協和カルタ」、壁新聞、「興亜絵葉書」、絵本などを持参していた。

それは宣撫班の口コミ工作を援護射撃するのが、ビラ、紙芝居などの小メディアだったからである。満洲では「宣伝の媒体機関として新聞、映画、ラヂオ等がその主役」として重視され、「国家の強力な統制下」に置かれていた。[18] しかし宣撫活動の現場では、「ラヂオ、新聞、雑誌は通り一遍の報道的な役目」を果たすメディアにすぎず、「生活者」を説得し、「匪民分離」に効果があるのは、ビラや口コミであるとの認識が強かったのだ。[19]

『宣撫月報』の創刊

さらに活字メディアの活用法も、満洲国は満鉄に学んだ。満鉄調査部の『満鉄調査月報』などの刊行物や弘報課庶務係の課内刊行物に倣って、満洲国は宣伝・宣撫研究情報誌の『宣撫月報』を創刊した。本誌には創刊一、二年次の欠号が多いので、時系列的分析はかなり難しい。注（3）に出る「満洲国ニ於ケル情報並ニ啓発関係事項担当官庁ノ構成等ニ関スル件」という資料には次の記述がある。

> 官制ヲ有セサルモ国内宣伝業務ニ重大役割ヲ演シツツアルモノニテ治安維持ニ必要ナル宣撫工作ノ計画及実施機関タル中央宣撫小委員会、省宣撫小委員会及県宣撫小委員会アリ而シテ其ノ機構ハ別紙図表甲ノ四ニ示サレシ如キモノニシテ本年七月ヨリ機関誌トシテ「宣撫月報」ヲ発行シ各種宣伝資料ヲ掲載ノ予定ナリ

一九三六（康徳三）年七月三日付けのこの公文書が出た直後の七月十日に「予定」通り『宣撫月報』の創刊がなされたことは、第一巻第一号の奥付から確認される。そしてその第一号の「創刊の辞」は次のように述べる[20]。

今回中央宣撫小委員会から「宣撫月報」を発行することになつた。「宣撫月報」の目指すところは

一、宣撫能率の向上を計ること
二、各級宣撫機関の連絡を緊密ならしむること
三、各地の宣撫状況を知らしめること

などの諸点にある。

満洲国に於ける思想戦は日に熾烈の度を加へ、特に、思想戦の失兵戦とも言ふべき治安工作に於ける宣撫工作に於ては最も深刻で切実である。敵を屈服せしめ進んでこれを徹底的に殲滅せしめる為には宣伝に関しあらゆる準備と周到な計画を持たねばならぬ。これが為には、宣伝対象に対する調査、宣伝技術に関する研究の必要を痛感する。

思想戦の勝敗は国家の興亡隆替に関係するが故に、その戦士となるものの責任は重且つ大であるといはねばならぬ。然してこの戦士としての必要条件は熱と信念である。

不惜身命不退転の信念を以て行ふ宣伝工作こそ無縁の民衆をも動かすもので、熱と信念なき宣伝は単に鳴る鐘や響く鈸《すず》の如きにすぎない。この不退転の信念は聡明なる認識を基礎として

把握される。聡明なる認識の把握の為には事態の正確なる資料が必要である――本月報はこの為に若干の寄与ありとすれば望外の幸甚である。

宣伝は思想戦の有力な武器であるから、信念とともに宣伝に関する手段方法等の技術的方面をも体得せねばならぬ。この目的の為には絶えず真摯に科学的な研究を遂げねばならぬ。本月報は実際宣撫工作担当者の研究、体験を発表し宣伝の技術的向上に資したい。又、この月報を通じ中央、地方の宣伝業務の連絡を一層緊密ならしめることが出来ると信ずる。

本月報が、宣撫工作業務担当者の好侶伴となり、更に同志間を繋ぐ動脈ともなれば吾等の願は足りる。


『宣撫月報』は思想戦における宣伝活動よりも、治安工作における宣撫活動に主眼を置いて創刊されたことが分かる。いずれにせよ、宣撫、宣伝活動はともに樹立されたばかりの満洲国においては、それぞれの活動の成否が「国家の興亡隆替に関係する」ものとの緊張感に包まれていたため、「戦士」たる宣撫工作担当者のための有力な武器として同誌が創刊されたことがわかる。また中央、地方の「戦士」のネットワークを緊密化するメディアとして創刊された同誌への期

図2 『宣撫月報』表紙（康徳5〔1938〕年5月号）

待は大きかった。

中央宣撫小委員会委員長は創刊半年がたった一九三六年末に、宣撫小委員会の歴史と活動を回顧し、『宣撫月報』創刊の狙いを次のように確認している。(21)

一、宣伝工作に関する研究の必要

宣撫小委員会成立以来既に四ヶ年を経過し、宣撫工作に関する能力向上習熟したるも、旧套を墨守するの弊を認む、徒に旧套を墨守し、之を踏襲するは宣伝効果を挙ぐる所以にあらず。宣伝は絶へず新鮮にして創意に富まざるべからず。故に宣伝者は熱意を以て宣伝に従事するとともに、研究心を旺にし新機軸を出す如く努むるを要す。

二、国家思想の涵養に就て

刻下国際間の思想戦は日に熾烈を加へつつあり、特に満洲国に対する思想的侵略は猛烈を極めつつあるを以て、これに対処する為に速に国家思想を涵養し、国民に不動信念を与へざるべからず。

三、青少年及婦人層に対する宣伝に就て

第二国民たる青少年層を動員し、宣伝の有力なる触手たらしむることは緊要なる著意なり、特に来年度よりは青年訓練実施さるるを以て、青少年の組織を利用し、且婦人に対し宣伝の効果をあぐる如く努められたし。

四、宣撫月報及各種宣伝資料利用に就て

本年八月より宣撫月報を発行し、宣伝業務担当日系職員の参考に資せり。主として宣伝実施参考資料のみを登載せるを以て、地方事情に則応するごとく利用ありたし。
又中央にて作製配布する資料は普遍的なるもののみに限定しあるを以て、特殊地域に於ては特別に作製せらる如く工夫を望む。

宣撫小委員会は四年前つまり満洲事変が起きた一九三一年に設立されたようである。周辺各国の「思想的侵略」から満洲国民を守り、「国家思想の涵養」を図るために宣撫小委員会が設立された。そこに務める宣伝担当日系職員のための雑誌が『宣撫月報』であった。同誌は各地の省、県、市町村単位の宣撫・弘報機関、役所で働く人に配布された非売の政府刊行の雑誌であった。本誌の発行元は一九三八年三月号では中央宣撫小委員会となっているが、同年五月号の奥付を見ると、国務院総務庁弘報処となっている。しかし同年四月号は欠号である。おそらくその四月号から、弘報処への発行元変更がなされたのだろう。

『宣撫月報』の編集陣

一九三五年に情報処に入った磯辺秀見は、すでに別役憲夫が勤めていて、仲賢礼（木崎竜）と長谷川濬が翌年に同処に入ってきたことを述べた後、『宣撫月報』の創刊時の編集部内の事情をこう証言している。(22)

今日もつづいている弘報処発行の宣撫月報、これは弘報宣伝の最高機関誌で、当時まだ存在していた治安維持会の下の宣撫小委員会の仕事として、高橋源一氏の発意により、別役君が創刊したものである。私が情報処に入り、机に向かつて、すぐに口をきいてくれたのは別役君であつたが、その話といふのが、何をかくさう宣撫月報の編輯を君にやつてもらひたい、といふのである。

私が編輯をつづけていると、支那事変の勃発だ。その報に飛び来つた翌日、私は色々な関係から平津地方に一ヶ月の出張を命ぜられた。所謂従軍である。その間宣撫月報の編輯は中断である。

北支から帰任して、まだ気の落ち付かぬ頃、背の高い、一癖ありげな男が、夏物の紺背広で私の机と並んで仕事をすることになつた。これなん、仲賢礼である。

私の仕事は別に定められ、宣撫月報の編輯は仲君に移行した。仲君は、私の北支出張のため一ヶ月休刊になつていることを残念がり、おくれはしたが、といふわけで手早く七月号を出し、息をつく間もなく八月号を出し、九月以降は事変特輯と銘打つて頁数も平素の倍乃至三倍を費して発行して行つた。仲君は、事変のころ国の民衆に及ぼす影響を慮り、特輯号の特輯に相当する場所は、殆んど自分の書き原稿で埋めていた。各種の新聞や雑誌を克明に切り抜いて事項別にまとめ、放送や情報と合せて検討を加へ、総合判断をして原稿を書いていた。

その努力たるや並大抵ではなく、遂に仲君は神経衰弱気味となり、三日位の欠勤を二三回つづけたことがある。そこへ新たに入所した熊の如き男、これが長谷川濬君である。長谷川君は、その日から仲君の編輯を手伝ふ破目におかれたのである。
別役、長谷川、仲、磯部といふ一連の関係は、かくの如く「宣撫月報」といふ無生物の仲介によつて成立したのであつた。

高橋源一の発意で創刊され、別所憲夫が編集を担当したが、その後、仲賢礼を引き継いだ磯部は当初ほとんどの記事を自分たち少数の編集部員が書いたと言っている。しかし一匹狼の彼らは弘報処の組織が確立するにつれて、他の満洲の文化活動に転進した。たとえば仲は一九四〇年に弘報処を離れ、満洲映画協会に入った[23]。

『宣撫月報』の編集方針

『宣撫月報』は一九三六年から一九四五年まで継続的に刊行された。当初編集方針は宣伝と宣撫の両面作戦であった。一九三八年七月号の編輯後記には、その継続について「事変以来内外諸条件の困難さを突破して、我が皇軍の目覚しき〔中略〕支那民衆に対し常に立派な宣伝宣撫の任務を兼ねて活躍していればこそだ！　真なる宣伝と宣撫は武と智を兼ねている者にして始めてなし遂ぐることを知らねばならない」とある。

同誌の編者が「宣伝統制の問題が識者間はもとより世界諸国の各国家的関心事である際、殊に我が満洲国の現状が複綜せる国際的諸情勢の裡にあり、いつ有事の勃発せんとも計り知れず、従って非常に強力な組織的宣伝が必要とされている秋、本稿が之に対する貴重な示唆と参考資料になるで

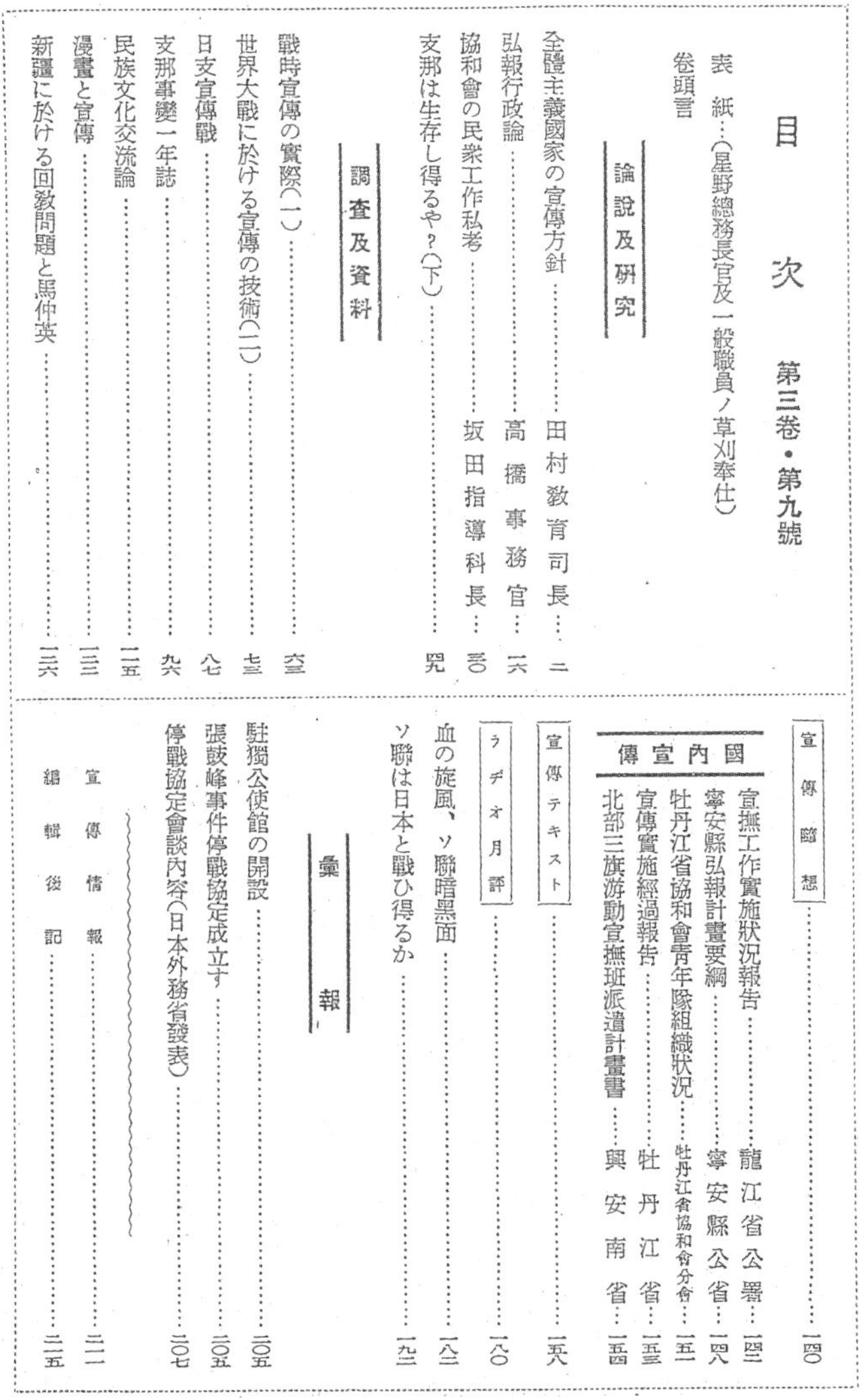

目次　第三巻・第九號

表紙…（星野總務長官及一般職員ノ草刈奉仕）

卷頭言

論說及研究

調査及資料

國內宣傳

彙報

図3　『宣撫月報』目次（1938年10月号）

あらう[24]」とその掲載のねらいを述べているように、体制やイデオロギーを超えて役立つ「学知」や資料を吸収して、同国の置かれた厳しい国際環境を正確に認識し、効果的な宣伝活動の樹立に役立たせたいとの姿勢が、同誌やその発行者にあったことがわかる。

最も充実し、資料価値があるのは、各地方からの宣撫・弘報実績報告や無署名の宣伝資料の類である。それは同誌の圧巻ともいえる。そこには官僚的な責任回避の文章が少ない。むしろ各地の活動の成功・失敗の情報を関係機関や組織員に隠さず伝えたり、伝え返されたりすることが『宣撫月報』の役割であるという考えが編集部に貫徹していた。そのため本誌は省、県、郡段階の宣撫班員の日常工作活動に不可欠な、しかもなじみやすい豊富な情報源となった。ここにも「創刊の辞」にある「宣撫、治安工作上の体験談、宣撫美談、其他宣撫上考慮すべき地方特殊事情等」を「戦士」から「原稿募集」する編集姿勢が貫徹されていることが分かる。

ところが一九四〇年四月号に「宣撫月報の方向転換」という一ページの巻頭言が出る。そこでは「今や治安確立し、辺境地域に思想匪の蠢動を見るに過ぎざる状態となり、往年の各省全般に亘る宣撫工作は其の行き方を換へなければならぬこととなつた。又一般政治問題に就いても中央、地方の連絡は旬報を通じて其の目的を達し得るに至つた」と述べ、これからは「思想戦、宣伝戦の機関誌」に転換すると宣言した。すでに一九四〇年三月から『旬報』が日本語、中国語で創刊されていた。『宣撫月報』はその後八月まで休刊し、九月から宣伝中心の雑誌になった。宣撫関係の記事、論文は主として『旬報』に掲載されることになった。宣撫活動は不必要になったというのとは逆に、最新の宣撫情報をスピーディに地方や前線に伝える必要性が『旬報』を誕生させ、『宣撫月報』の方向転換を促したと見るべきであろう。号数確認のできたかぎりでは、『宣撫月報』が一九四五年一月まで七三号刊行されたのに対し、『旬報』は一九四五年四月一日号まで一六九号が出ている。なお『旬報』の編集は、一九四一年八月一日から弘報処の宣化班が担当するようになった(25)。ただしそれ以前の担当科は分からない。

宣伝工作メディアへの特化

市販されていないため、政府内部で活動のホンネや結果がかなり率直に登載された点に『宣撫月報』の資料的価値がある。号を重ねるとともに、編集部の記事や翻訳だけでなく、満洲政府やメディア関係者さらには本土の論客などが寄稿するようになる。それがもっとも充実したのは一九三九年度で、七・八月号の映画特集号、九月号の放送特集号のように一号だけで三百ページを超える分厚いものも現われている。この二つの特集は宣伝とくにメディア研究のオムニバスで、イデオロギー的抽象論よりも実証的な内容が豊富で、現在でも読み応えがある内容だ。その他の号も内容は多彩である。寄稿者も幅広い。

また本土では紹介されることの少ない英米のプロパガンダの翻訳が連載されることもあった。たとえばハロルド・ラスウェルの「世界大戦に於ける宣伝の技術」がある（第四章参照）。一九三九年二月号、三月号のアルフレット・シュトゥルミンガア著「世界史における政治宣伝」（仲賢礼訳）は、ナチ台頭前のドイツ学者の宣伝史研究である。しかし一九三八年二月号の「ナチス独逸の宣伝運動――ゲッペルス指導下の宣伝機関」や一九四一年六月号の今泉孝太郎「ナチスの宣伝理論と方法」

のようなナチズム的宣伝論の類も当然ながら多い。

一方、一九四一年六月号の別所憲夫「ソ連の新宣伝組織」や一九四一年十一月号の松川平八「ソ連の対支ラテン文字工作概況」のようなソ連の理論や活動の紹介は、アジア太平洋戦争開戦前後から増える。さらに高橋源一「支那史上に於ける政治宣伝の研究」が一九三九年一月号から一九四〇年四月号まで長期連載されているように、宣伝や宣撫の成功には中国人や国民政府の考えを学ぼうとする編集スタッフの謙虚さが伺える。ともかく「創刊の辞」にある「真摯に科学的な研究」を行なおうとする同誌の姿勢が貫かれていることがわかる。

しかし『宣撫月報』に出る満洲国内の現場通信は『旬報』創刊以降は急減する。「本誌ハ特別依頼スルモノノ外、各省弘報要員ノ投稿ヲモ掲載ス」[26]ると読者に呼びかけているが、地方や前線の経験リポートは影をひそめた。「研究及論説」のイデオロギーや国際関係を超越した広い国際的志向は、「内外情報」や「宣伝テキスト」の欄にも見られた。英米、ドイツ、ソ連、支那という区分けで多種多様な関連情報が選択掲載されたのは、常時厳しい国内、国際関係のなかで生き抜くために張り巡らせねばならなかった密度の高さと濃さと客観的な情報ネットワーク構築の姿勢の強さを反映している。

なお太平洋戦争勃発以降、次第に『宣撫月報』のページ数は少なくなり、一九四五年一月号はわずか六四ページである。宣伝活動が停滞したためであろう。

終わりに

宣伝専門の『旬報』は現在、見ることはできない。推測するに、同誌は宣撫工作の現況を掲載するメディアとして宣撫工作員たちに重宝された。その内容は満洲情勢が緊迫化するにつれ、血生臭いものとならざるを得なかったろう。華北で発行された雑誌『北支那』一九三八年六月号には、満鉄出向の「宣撫官の死——故木島十郎氏を想ふ」という追悼文と写真が出ている。ただ『宣撫月報』には死亡記事は見当たらない。しかし「弘報要員の歌」には、「山河を越えて幾千里　同志の難に我は行く　我の行方は死の谷か　王道楽土の華園か」という一節がある（『宣撫月報』一九三九年六月号）。戦争末期には南方転出の関東軍特務機関員の穴を埋めるように、大量の宣撫官、宣撫班員が憲兵とともにインテリジェンス工作を担う特別警備隊時代を迎える。それとともに理論指向の『宣撫月報』と前線向けの『旬報』とは異質なメディアにならざるをえなかった。

さらに考えれば、『宣撫月報』は町の本屋に流されなかったが、全国の役所内の職場では、職員は比較的自由に手にすることができた。役所に出入りできる反国家的な人物や工作員は掲載情報を入手できたろう。宣撫工作の極秘情報や手の内が『宣撫月報』を通じて、敵側のゲリラ隊やソ連、中国共産党側に流れる危険性が発行者側に認識されてきた。『旬報』も市販されないどころか、宣撫関係者のみが接しうる内部機密誌ではなかったろうか。終戦直前まで発行されながら、現物が一冊も見つからないのは、厳重な機密扱いされたためであろう。一方、機密性の少ないプロパガンダ論の『宣撫月報』は、どちらかといえば、無害の雑誌として権力者からは軽視されるほどに、比較的自由な編集を続けられたと思われる。

注

（1）松本豊三「満鉄と弘報業務」『宣撫月報』一九三八年十月号。
（2）同上。
（3）満洲国外交部植田謙吉「満洲国ニ於ケル情報並ニ啓発関係事項担当官庁ノ構成等ニ関スル件」一九三六年七月三日、アジア歴史資料センター B02030896900。
（4）「弘報処の内部機構改革さる」『宣撫月報』一九三八年十一月号。
（5）「関東軍参謀長から陸軍省次官への電報」アジア歴史資料センター C01003024500。
（6）日高昇「対外宣伝に対する一つの主張──故古城胤秀少将の霊に捧ぐ」『宣撫月報』一九三八年十二月号。
（7）金崎賢「複合民族国家と弘報の重要性」『宣撫月報』一九三九年三月号。
（8）桑野寿助「国策と映画指導」『宣撫月報』一九三八年十二月号。筆者は弘報処映画班に所属していた。
（9）山本武利「満洲における日本のラジオ戦略」『Intelligence』第四号、二〇〇四年五月。本書第七章に収録。
（10）「推進力宣撫班の働き」『宣撫月報』一九三八年十二月号。
（11）伊佐秀雄「日支宣伝戦」『宣撫月報』一九三八年九月号。
（12）青江舜二郎『大日本軍宣撫官』芙蓉書房、一九七〇年、三二六、三七三頁参照。
（13）情報部「支那（附香港）ニ於ケル新聞及通信ニ関スル調査」一九二四年（アジア歴史資料センター B02130800300）と『満洲紳士録』第三版、一九四〇年、一五六八頁参照。
（14）熊谷康、聞き手・井村哲郎「満鉄上海事務所の宣撫・情報活動」『アジア経済』一九八八年十二月号と井上久士編・解説『華中宣撫工作資料』不二出版、一九八九年、七～八頁参照。
（15）陸軍「昭和十四年度第二回宣撫班要員募集計画」アジア歴史資料センター C04120892800。
（16）樹原孝一「野戦建築誌」、三省堂編刊『我らは如何に闘ったか』一九四一年、二五三～二五四頁所収。

(17) 熱河省長官房「熱河省宣伝宣撫計画」『宣撫月報』一九三八年十二月号。
(18) 前掲（注1）「満鉄と弘報業務」。
(19) 九台県公署「康徳五年九台県弘報計画要綱」『宣撫月報』一九三八年八月号。
(20) 『宣撫月報』一九三六年七月号。この創刊号の冒頭と奥付け部分を複写・所有している西田勝氏から提供を受けた。
(21) 『宣撫月報』一九三七年一月号。
(22) 磯部秀美「その頃の仲賢礼」『満洲芸文通信』一九四三年三月号。
(23) 川崎賢子「満洲文学とメディア」『Intelligence』第四号、二〇〇四年五月参照。
(24) 『宣撫月報』一九三八年九月号の「戦時宣伝の実際」の冒頭の編者の注記。
(25) 「弘報処機構の再編成について」『宣撫月報』一九四一年九月号。
(26) 「宣撫月報原稿募集規定」『宣撫月報』第六一号、一九四二年六月。

第七章　満洲における日本のラジオ戦略

1　戦争プロパガンダとしてのラジオ

第一次世界大戦では、イギリス、ドイツなどが撒く大量のビラ、ポスターが欧州戦線に氾濫した。そしてこれらの印刷メディアが大衆心理を動かし、イギリスなど連合国の勝利の一因となった。第四章、六章に触れたハロルド・ラスウェルは、総力戦の一翼を担うようになったメディアによる大衆操作現象を分析した。これ以降、プロパガンダなる言葉は学界で市民権を得るようになった。

第二次大戦直前にはプロパガンダは、大衆の心理や行動に影響を与えるシステマティックなコミュニケーション活動をさす言葉として政治や軍部の世界にも定着した。ドイツの敗北がイギリスの巧妙なプロパガンダ戦略にあったと見たヒットラーは政権を獲得するや、ゲッベルスをプロパガンダ相に任命した。アメリカやイギリスはヒットラーのプロパガンダ使用を忌み嫌って、心理戦（psychological warfare）なる言葉を使うことが多かった。また日本ではプロパガンダに相当するものとして思想戦という言葉がよく使われた。

言葉がどうあれ、プロパガンダによる戦術・戦略が第二次大戦ではますます重視されてきた。前大戦にはなかったプロパガンダの強力なメディアが新登場した。それはラジオである。ラジオは一九二〇年代初頭に娯楽用の民放局としてアメリカに登場したが、声と音で臨場感を与え、即時性の高いそのメディア機能は軍事関係者の注目するところとなった。マス・ターゲットである敵国民や敵兵の戦意喪失に効果的と見なされた。戦前から各国とも周到にラジオ活用法を研究していたため、開戦とともに各前線で使用された。それは空を飛ぶ点で、新型兵器である飛行機と相似していたが、開戦にいたらない時点でも、ラジオの方は無断国境越えとして国際法違反の糾弾を受けることがなかったし、開戦後では敵地にビラを撒く危険性を伴わなかった。問題は敵側に発信者のメッセージを受信できる機器が普及しているかどうか、ジャミングという組織的な聴取妨害がされるかどうかということであった。

ラジオがいつから戦争目的のプロパガンダに使われたかはわからないが、第一次大戦と第二次大戦の戦間期であったことはたしかである。最近刊行された文献によると、一九二五年に世界で最初にソ連がプロパガンダ用に短波ラジオを開設し、一九二六年のルーマニアとの紛争にそれを活用した。さらにその文献の記述で注目されるのは、日本軍が一九三一年の満洲事変直前にラジオ局を作って作戦を遂行したとの記述である。(1) すでに一九二五年に日本が大連に開局していたラジオ局を、関東軍がその事変に際し活用したことを指していると思われる。一九三一年九月十八日に奉天郊外の柳条湖で満洲事変を起こした関東軍は、占領した既設の瀋陽広播電台を十月六日から軍管理下において奉天放送局として復活させたのだ。(2)

日本軍のラジオの軍事的使用は世界的に早かったたし、それは満洲事変を契機としていたことがわかる。ともかくその後の日中戦争、パール・ハーバーと続く十五年戦争では、日本軍はラジオ使用で世界、少なくとも東洋での戦場を先導したと言って過言ではなかろう。たとえば発信源を隠蔽するブラック・ラジオの中国・ビルマ・インド（CBI）戦線における使用では、アメリカのOSS（戦略諜報局）に先駆けたため、それに遅れをとったことに気づいたOSSを震撼させたという[3]。満洲事変以降の満洲、中国侵略における日本軍のラジオ戦略は、日本戦史だけでなく世界戦史的に注目されてよかろう。日本ではラジオ利用のプロパガンダは電波戦と呼ばれることが多かった。

2　新京中央放送局を軸とした放送活動

満洲事変を起こした関東軍は中国東北部（奉天、吉林、黒竜江省）をまたたくまに占領し、さらに内蒙古東部を武力支配下においた。そして一九三二年三月に満洲国が建国された。しかし満洲国は北や東北方面ではソ連との国境（蘇満国境）が接して、軍事的な緊張関係にあった。南や西南部では、中国とくに国民政府との対立関係があった。やっと朝鮮国境のみが相対的に安定していたが、朝鮮独立に立ち上がった朝鮮人の侵入で次第に治安が不安定になった。さらに国際連盟やアメリカの日本軍早期撤退をもとめる世論が国際的に高まった。国際的に四面楚歌の状態となった日本は満洲国建国後一年で国連脱退を選択せざるを得なくなった。台湾や朝鮮の植民支配とは比較にならぬ国際的緊張下で満洲国は歩み始めることになったのだ。

したがって建国時から満洲政府や関東軍は、国内の治安の維持と国際的な支持獲得のためのプロパガンダ活動に力を入れた。そのプロパガンダのメディアとしてラジオが重視されたことは、先の奉天放送局の早期活動からもわかろう。関東軍はその後まもなくハルビン放送局を支配下に置き、さらに一九三二年に首都となった新京に新京放送局を設立した。これらの放送局は関東軍特殊無線通信部（後に関東軍特殊通信部）に管理されていたが、満洲国の設立で、国務院総務庁交通部の監督下に入った。そして一九三三年九月設立の日満合弁特殊会社の満洲電信電話株式会社（電々会社）によって経営されることになり、それは敗戦まで続くこととなった。一九四一年から運営上の監督権のみを交通部に残し、編集上や検閲上の監督は総務庁弘報処が行なうようになった。(4)

開局当時の奉天放送局では、日本語、満洲語、(5)朝鮮語、ロシア語で一つの電波を曜日、時間ごとに輪切りした番組編成であった。週三日、二〇分であったが、英米人向けの英語ニュースもあった。次は一九三四（康徳元）年十月十五日のプログラムである。(6)

午後四時より

一、レコード
一、銭行（金銀相場）　商業通信社
一、講演　市政公署　田肇　新
一、講演「婦人の時間」　協和会　若　蘭
一、演芸、レコード

午後五時三〇分　一、気象予報　奉天観測所
一、ニュース　奉天通信社
語学講座（満洲語）　今西繁利
午後六時〇〇分　全国ニュース（東京より）、プロ予告
午後六時三〇分　講演（満洲語）時事解説
午後七時〇〇分　独唱と合唱　独唱　明本京静
合唱　ボリヒムニアコール
ピアノ伴奏並指揮　小松　清
（ロバトフランツ四十年祭）
一、独唱（イ）悩むわが胸　明本京静訳詞
（ロ）聖きラインの流れ　塩入亀輔訳詞
（ハ）夜曲　〃
（ニ）君よふたたび　〃
（ホ）秋　〃
二、合唱
（イ）夢にも君
（ロ）輝く祖国　明本京静作詞
午後七時三五分　詩吟　王杵一男

君が代　広瀬武夫作
正気歌　木戸孝允作
偶成
午後七時五〇分　連続講談　関根弥次郎（第四席）　田辺南竜
午後八時三〇分　時報（東京より）
午後八時三一分　講演　東辺道討伐状況　関東軍参謀
歩兵大佐　斉藤弥平太
午後八時四五分　ニュース　某所発表連合電通提供（ローカル）
午後九時〇〇分　ニュース　英語
レコード数枚

経済、政治ニュースや解説、東京からのニュース、西洋歌曲、詩吟、講談と盛り沢山な、日本人を主な対象とするプログラムである。満洲人向けの番組は付随的に短時間挿入されるに過ぎなかったことがわかる。朝鮮語の放送はさらに少なく、ロシア語は週四回、一回二〇分に過ぎなかった。

こうした数言語が混在した番組編成では、時間的に優遇されている日本人でも不平不満がおきた。関東軍の司令部が移った首都の新京放送局が一九三三年から満洲全体の放送活動の中心となった。同局は一九三六年から一〇〇ＫＷの第二放送を新設し、それを満洲語などに振り向け、既存の電波を日本語の第一放送とした。大連も同時期に二重放送となった。さらに一九三八年に奉天、一九四〇年にハルビン局が二重放送となった。こうした動きは続々開局した地方局にも広がり、戦争末期には一八局中一六局が二重放送となった。一九四二年にはハルビン局はロシア語専用の第三放送を行なうようになったし、一九四五年に興安局は第二放送を蒙古語と満洲語で放送するようになった。

日本本土の放送番組は日本からの移住者の増加につれて歓迎されるようになった。農村僻地とくに蘇満国境の集団開拓団の慰安のために、本土番組が政策的に増加された。当初、それは日本から中波で送られたが、まもなく短波に切り替えられた。それでも雑音が消えなかったし、音声中断などの季節的な不安定さがあった。そうした問題は新京から国内各局への中継でも深刻であった。日本との番組交換の技術的な問題は一九三九年十二月の東京―奉天の無装荷ケーブルの開通で基本的に解消された。新京―ハルビン、大連―奉天でも有線中継施設が整った。さらに一九三九年六月の二〇ＫＷの新設短波が新京から国内各局への安定的な送信を可能にした。地方局はこの短波を受信し、その地域の受信者には中波で再送信した。こうして中央放送局四局（新京、奉天、ハルビン、大連）と地方各局並びに東京など日本各局との相互乗り入れのネットワークが曲がりなりにも完成し、放送での日満一体化が一歩前進した。一九四一年には、第一放送の約半分は内地からの中継番組となった。(7) その後、放送時間は日本人聴取者の増加で延長されたが、彼らの要望にしたがって本土番組の割合は増加した。

新京での二〇ＫＷ短波は、世界や中国中南部や南方へのプロパガンダを大きく展開させる施設であった。一九四一年九月の各方面向けの放送時間、周波数、言語は次のようになっていた。(8)

（1）欧州向け放送
1　放送時間　自午前六時〇〇分―至午前七時〇〇分
2　周波数　九、五四五KC（自十月　至四月）
一一、七七五KC（自四月　至九月）
一五、三三〇KC（自四月　至九月）
3　言語　英語，独語
（2）北米西部向け
1　放送時間　自午後二時三〇分―至午後三時三〇分
2　用周波数　一一、七七五KC（自九月　至四月）
一五、三三〇KC（自四月　至九月）
3　言語　英語
（3）南支、南洋向け放送
1　放送時間　自午後一〇時〇〇分―午後一一時三〇分
2　周波数　一一、七七五KC
九、五四五KC
3　言語　英語、独語
（4）極東一円向け放送
甲　1　放送時間　午後五時〇〇分―午後五時二〇分

2　周波数　六、一二五ＫＣ
　　　　　　九、六六五ＫＣ
3　言語　蒙古語
乙
1　放送時間　自午後一〇時三〇分―午後一一時一〇分
2　周波数　六、〇三五ＫＣ
　　　　　　九、五四五ＫＣ
3　言語　露語

アメリカ側の一九四三年八月の傍受資料から、第二次大戦真っ盛りの一九四三年八月十六日の新京発信の北米、ハワイ向け番組のみを載せておこう。(9)

東部時間	
一時三〇分	開始のサイン
一時三〇分―一時四五分	ニュース（英語）
一時四五分―二時〇〇分	音楽
二時〇〇分―二時二〇分	論説（英語）
二時二〇分―二時三〇分	音楽
二時三〇分―二時四五分	ニュース（英語）

二時四五分―三時〇〇分　音楽
三時〇〇分　終了

放送番組編成と検閲

日本から中継される番組を除き、各局内部において編成と制作がなされた[10]。一九三九年ごろの編成の方針は図2のような機関で決定されていた。

以前は放送委員会といわれていた[11]ものが復活して弘報連絡会議といわれるようになった。これは関東軍、関東局、政府、協和会、電々会社で構成される最高方針決定機関である。政府は総務庁弘報処が代表していた。事務管掌は電々会社で行なっているが、放送参与会は、弘報処、交通部、協和会、電々会社、関東軍、関東局の代表者によって全満洲のローカル放送番組の内容、実施上の効果、普及に関する審議を行なう機関であった。中央放送局は新京、奉天、ハルビン、大連の四局を指し、キー局として地方局との連絡、調整を行なった。中央放送局、地方放送局はともに郵政管理局監督官と緊密な連絡、調整を行なった。政府は主として検閲を行なう際、新聞などのメディア以上に不

図1　満洲建国十周年謝恩特派大使張景恵（『ラジオ年鑑』昭和18年版）

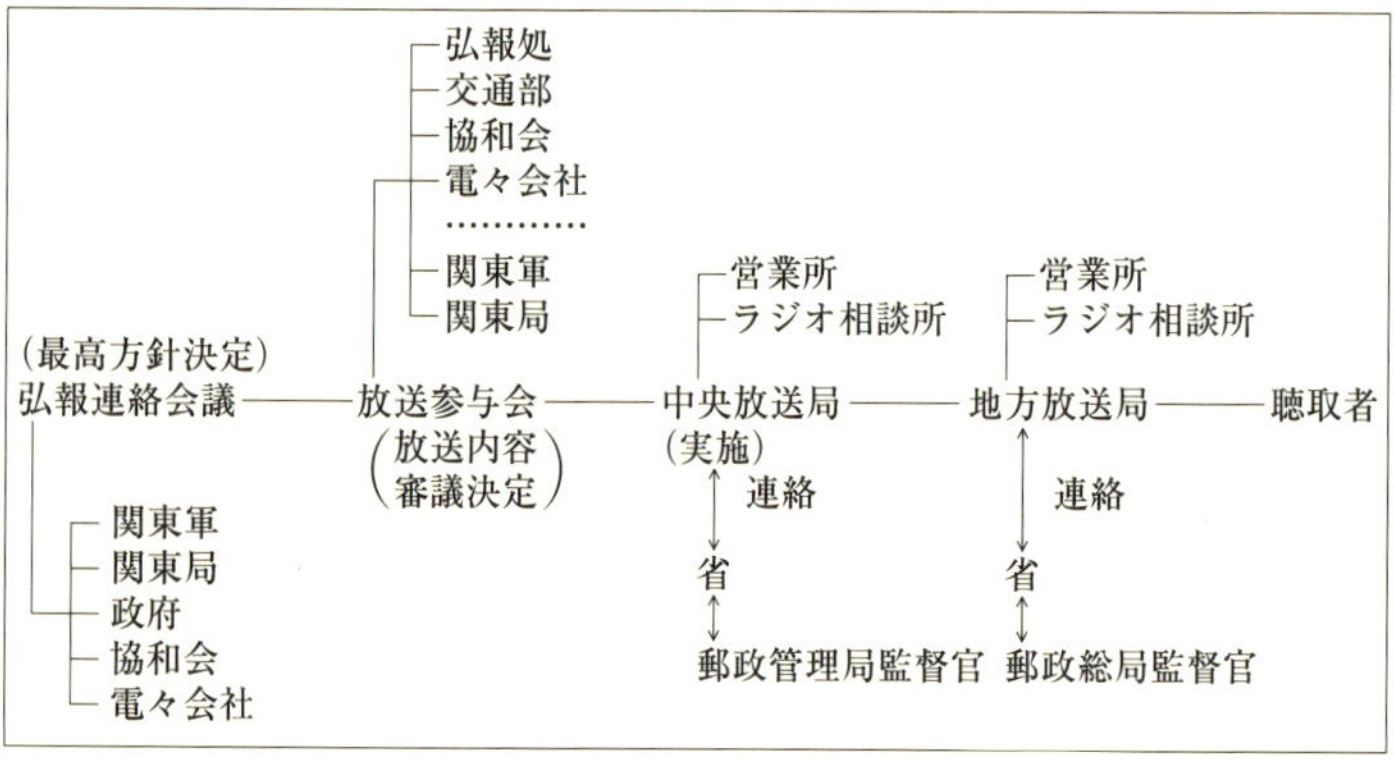

図2　放送内容指導に関する組織図

特定多数を対象としていたので、「ラヂオの場合は社会公共の利益を絶対の目標としている。従って虚偽の報道乃至不正確な報道は勿論、社会国家の為、有害と認めるものは絶対にこれが報道は許されない」[12]との立場をとっていた。とくに第二放送への検閲は厳しかった。

　これらの機関の名称は時期によって異なっていたが、基本の仕組みは変化していなかった。一九四一年の資料は番組編成について、次のように述べている[13]。

> 　現在放送番組の編成は監督官庁たる国務院弘報処の指示す根本方針に基づき、電々本社に於いて予め毎月の編成方針を造るのであるが、この編成方針に従って各放送局は毎月十日迄に本社に対し番組の提案を行うのである。本社は各局より集った番組の提案を取締め、監督官庁、電々放送部及新京、奉天、哈爾浜、大連の四中央放送局長より成る放送番組編成会議の審議にかけて決定する。
>
> 　別に番組の適正妥当を期する見地から放送参与会な

るものが設置されてある。この放送参与会は軍、政府、協和会、通信社、放送事業者等より推薦された参与を以って構成され、毎月一回開催して放送の遺憾なき運営に資している。

猶この放送参与会の専門分会として別に学校放送委員会及対外放送委員会がある。前者は更に第一部委員会（日系小、中学校）及第二部委員会（満系小、中学）に分かれている。

ラジオ普及の両刃性

台湾、朝鮮が基本的に一民族一言語であったのに対し、多民族、多言語の満洲の支配は日本人には初体験であった。「五族協和」は建国最初から統治の最大のスローガンであった。「五族」とは、日本人、満洲人、漢人、蒙古人、朝鮮人をさすが、満洲国内ではこのほかにロシア人、ウイグル人などの少数民族も混在していた。しかもそれぞれが歴史的、民族的に複雑な事情を抱えていた。これらの民族を融和させ、日本人の統治支配に民心を和らげさせることは容易なことではなかった。さらに国際的な満洲建国非難にも対処せねばならなかった。

国土が広大な割には、人口が稀薄で、散在している満洲では、情報が広範囲かつ即時に伝達できるラジオの特性が注目されたが、空電、雑音などの自然的電波障害が大きかった。また配電区域は都市とその周辺に限定されていた。さらにラジオの受信機、アンテナを購入でき、受信料月額一円を支払える所帯は日本人を除いて少なかった。

しかしマスへのプロパガンダを志向する支配者にとって、耳で聴取されるラジオに勝る効率的なメディアは存在しなかった。新聞や書籍、雑誌の普及には、満洲人の文字リテラシーの低さが障害

表　満洲国におけるラジオ契約者数

	日本人	満洲人	その他	計
1933年	7,143	409	443	7,995
1938年	88,576	37,531	1,310	127,417
1940年	162,958	173,543	3,800	340,291
1944年	252,696	312,095	5,904	570,690

となっていた。ビラやパンフレットでも同じことがいえた。ただし映画は目と耳で低リテラシーを克服できるメディアとして重視されたが、ニュース速報による統治という機能が弱かった。やはりラジオは安価で、効果の大きなプロパガンダ・メディアであるとの認識が関東軍や満洲国政府では高かった。

満洲人向け専用局と娯楽番組の増加、安価な電々型受信機の開発と販売、ラジオ受信相談所設置によるサービス拡充、所得の向上によって、上の表からわかるように一九四〇年には、満洲人の契約者が日本人を超えた（各年度『満洲年鑑』）。

これによってラジオは満洲国を維持する主要なメディアとの認識が関東軍、政府で定着したかの感があった。そして戦争末期の一九四五年の所帯普及率では、日本人七〇パーセント、満洲人七パーセントを超えたと予想される。これは関係者にとって、思いもかけぬ高い数字であった。慰安、娯楽のために受信機を購入する者が多かったが、戦況の推移をラジオ・ニュースから入手しようとする満洲人が増えたことが、普及率を伸ばしたのだ。

共同聴取施設もラジオへの満洲人の関心を高めた。都市の繁華街や駅頭、公園にラジオ塔や放送塔が設置された。「買えよ、聴けよと言っても一体ラヂオはどんなものかという見本を示さなければなかなか買えないものである。今度のラヂオ塔は先年新京で試験的にやったハリボテ式のものとは違って、可なり堅牢なもので、聴取距離も百米は聴こえる」[14]という放送塔は、一九三九年には二〇個設置されることになった。地方都市でも設置されたことは、通化の町ではすでに三カ所に放送塔があるといった報告[15]からわかる。

また一定の場所へ親受信機を装置し、受信するとともにその「音声周波電流を多数加入者各戸へ夫々有線連絡により送電し、各加入者宅に装置した高声器を同時に動作[16]」させる有線放送も実施に移された。これは取扱いが簡単で、親機以外電力を必要としない経済的なものである。電気のない地域では、電池式受信機の親機の設置が検討された。

このころ「農村ラヂオ化運動[17]」を、関係業界の論者が提起していた。都市よりも農村へのラジオの普及が重要との声が一九三九年ごろから高まってきたことがわかる。彼らの呼びかけ、誘いに乗って、富裕な農民は珍しい文明の利器に関心を寄せた。コミュニティの人々への見せびらかしに購入に走った者も少なくなかっただろう。

プロパガンダや宣撫に役立つメディアとラジオに期待した満洲国の支配者は、その普及に全力をあげた。たしかに第二放送は満洲人に徐々に注目され、富裕層を中心に聴取者が増加したし、日本による満洲国支配の正統性の支持獲得やそのイデオロギーへの理解も漸増した。しかしせっかく普及に努力し、購入を支援したラジオ受信機から反満抗日の情報が浸透するとの報告が、一九四〇年代に入り各地とくに国境地方の官庁から急に増加するようになった。たとえば牡丹江からは「国境線にては満州国の放送が聴えない、却って蘇連の放送が入る[18]」とある。一時的であっただろうが、実際に同地では利用停止に踏み切った。また流言に関する座談会の出席者は、「この間、大東港に出張した時の事ですが、満系の商人が朝三時頃ごそごそ起きてラジオのスイッチを入れるので、何をするのかと聞いたら、重慶の放送を聴くんだなど言ってましたよ。それに市内でも高級ラジオの売行がいいさうです[19]」と述べている。電々式よりも高級な受信機でないと、遠い国民党重慶局の放送は傍受できなかったのであろう。

受信機の普及は支配者に不都合な情報も流入させることが分かってきた。したがって共同受信施設とくに有線放送局はこうした敵ないし仮想敵の情報を遮断する狙いで、国境地域に重点的に設置されたことがわかる。匪賊といわれる者の「その約九割までが思想匪（共産匪）[20]」で、彼らがラジオでソ連から指示を受け、反満抗日の情報を得ていることを当局は知っていた。延安の中国共産党のラジオ放送に警戒すべきとの資料は見当たらないが。

蔣介石国民党の重慶ラジオを「デマ放送」と呼び、「ラヂオの抗日煽動益々激烈を極む[21]」といった記事が散見されるものの、その数や危機感がさほどでないのは、地域が遠いため、満洲内陸部では明瞭に聴取できなかったからであろう。むしろソ連のラジオを「怪放送」と呼び、露骨な批判は避けつつも、それへの警戒が厳しかったことは、断片的な記事からも確認できる。しかし実際に有線放送局が設置されたのは、満洲里、琿春、綏紛河といった蘇満国境の軍事戦略上重要な都市であったし、その個数も加入所帯も少なかった[22]。

国民党やソ連のラジオの悪影響を心配しつつも、そのマイナスを差し引いても余りある効果がラジオにあることを認識していた統治者が、普及活動の速度を緩めることはなかった。

日本本土やアジアの日本占領地では、短波受信機の使用は厳禁されていたため、それに触れた放送史資料は少なくない。ところが満洲では、短波受信禁止やオールウェーブ受信機の回収とか、短波受信機による外国放送盗聴とかいった資料が見当たらない。もちろん満洲でもオールウェーブ受信機の所有も外国の短波聴取も禁止されてはいたが、短波は国内送信に活用されていた。中波が聞きにくい所では、国内中継短波の傍受が黙認されていたのではなかろうか。そもそも広い国内の取締りは実効性がなかった。満洲人は外国放送で戦争の推移を知ろうとして、密かに傍受していた。次の証言がその間の事情を物語る。

短波放送の聴取禁止とともに、オールウェーブ受信機所有者の短波部切断を、政府指導のもとに徹底的に実行して行った。しかるに終戦後市場に、中古オールウェーブ受信機が予想外に多数氾濫したのを見て驚嘆したのである。主として中国人間に隠匿されていたと思われるが、放送聴取の制限の困難さを再認識したわけである。[23]

受信機はいくらあっても足りなかった。戦争末期には部品が足りなくなった。大連放送局が日本人の隣組に部品不足を相補うために協力せよとか、共同受信をせよと呼びかけた放送が、アメリカ側に傍受されている。[24] 実際、新京局自慢の一〇〇KW送信機の真空管も、終戦時には「最後の一つを残すだけで補給の見込みがつかなかった」[25]というところまで追い詰められていた。

宣撫活動とラジオ

満洲国は五族協和を掲げながらも、実質的な支配者は関東軍であり、日本人役人であった。満洲への日本人移民は「植民」であり、未耕地入植を唱えながら既耕地入植であり、その耕地の満洲農民からの買収は半値以下の強制で、彼らを小作にしたり、強制退去させたりするものであった。さらに満蒙開拓青少年義勇軍に見られたように、移民というよりは軍事的な「動員」に近かった[26]。

こうした「植民」や「動員」の政策が満洲人や朝鮮人の反満抗日を醸成した。注（4）のラジオ番組資料にあるように、一九三四年頃には朝鮮国境やソ連国境では、共匪といわれる対日パルチザンが活発な農村ゲリラ活動を展開し、関東軍はその制圧に苦慮していた。通化省では「共匪約九〇〇名の半数以上を占むる約五〇〇名は鮮匪」といわれていた。その指導者は楊靖宇であったが、金日成が台頭しているとの報告もある[27]。

金日成匪約二〇〇名は臨江、長白、撫松県境の山岳密林地帯を地盤として、抗日聯軍第一路軍第四師を標榜し、楊が昨年解氷期以来相当凶暴の限りを尽し居るに反し、金は余り情報も出さず楊の区署を受け居る模様なるも、実力に於いては之に伯伸し、楊の無き後は金が之に代わるものと思料さる。

この通化省では、省弘報責任者―県弘報責任者―村弘報責任者―村弘報要員というラインの行政の単位で弘報員ないし弘報官を配置していた。省弘報責任者には総務班、宣伝班、情報班、映画班がスタッフとして付いていた[28]。満洲国では国―省―県―村―保甲の各段階に弘報責任者を決め、それに弘報員や「宣撫官」を配していた。また関東軍、関東局、政府、協和会、電電会社からなる弘報連絡会議が宣伝、宣撫さらにはメディア内容を指導、検閲していた。宣撫班は村、集落での共同受信施設の建設を支援した。またソ連からのラジオの聴取を不可能にするために有線施設の普及を図っていた。

軍隊や警察さらには協和会、農務会などが宣撫工作に同行することも多かった[29]。そして次の「弘報要員の歌」では、プロパガンダ戦士としての使命感というよりも、悲壮感が表現されている[30]。

一、春は桜に秋の月
　　世の閑人の酔へるとき
　プロパガンダに戦ひに
　　我が青春に逝かんとす
二、山河を越えて幾百里
　　同志の難に我は行く
　我の行手は死の谷か
　　王道楽土の華園か

宣撫工作がなされるのは、ゲリラ活動が激しい農山村であったため、弘報員は常に「死の谷」で活動していた。その工作中にゲリラに襲われ死亡する者が少なくなかった。[31] 彼らは宣撫工作を精神的工作と物質的経済的工作に分けていたが、前者のなかにラジオ、ビラ、ポスター、映画、紙芝居などのメディアがあった。ラジオを保甲（住民相互監視組織）に持参し、それをつけて聞かせ、反満抗日の民心を和らげようとしていた。またラジオからニュースを選択し、紙に書き出し、街頭の要衝に貼ることもあった。[32] 他の地域における宣撫工作の組織も大同小異で、ラジオなど各種メディアを駆使した活動を行なっていたが、そのメンバーはいつも死と隣り合わせであった。

ブラック・ボックスのラジオ戦略

それでもラジオは、宣撫工作においてまだその性能も普及率も低かったため、他のメディアに比べれば利用度は小さかった。しかし農山村の住民が聞いたことと見たこともない文明の利器であり、それをデモンストレートできる宣撫隊には尊敬のまなざしが注がれた。その受信機をわれ先に購入したものは、これ見よがしの消費者行動を示すことができた。宣撫隊に協力する村や保甲のリーダーには、受信機が無料で提供されることもあった。そしてリーダーに協力することで、ラジオを楽しむことができた。彼らにとってラジオは娯楽、慰安のメディアであった。

満洲国の高官や文化人の講演放送にたまたま接して、それが満洲国イデオロギーのプロパガンダであることに気づく者も、知識人のなかにはいただろう。しかしそれはごく少数であった。一般の受信者が知らないところで秘密軍事工作に活用されようとしていたことを見逃してはなるまい。満洲人は無論のこと、日本人の多くもパルチザン対策でラジオが利用される時代に入ったことに気づかなかった。しかしラジオと宣撫活動とを結びつけるニュースは、ラジオには無論のこと、一般のメディアにも登場しなかった。満洲人にとって、ラジオを動かす日本人の戦略のカラクリはつかみようのないブラック・ボックスであった。

甘粕正彦が指導する満洲映画協会では、映画作品を娯民映画と啓民映画にジャンル分けしていたと言われるが、ラジオ番組では大衆歌曲やドラマは前者であり、講演や演説は後者であった。映画が宣撫工作で使われることについては、甘粕も語ることはなかった。ラジオの宣撫工作での使用についいては、ラジオ関係者は当時もそして戦後も触れていない。そうした軍事使用は関東軍の命令でなされたもので、極秘事項であった。

放送局を満洲電々会社が運営していることは、聴取者なら誰もが知っていた。契約の際、あるいは受信機販売や相談サービスの際、その会社名が自然に目や耳から浸透した。また放送の指導や検閲を弘報処という政府機関が担っていることも、知識人なら周知のことであった。それに関する記事は新聞、雑誌に注意していれば、目に入った。ところが宣撫工作との関連で関東軍が放送を利用するだけでなく、編集、指導、運営の最高方針を決める放送連絡会議に加わっていることは、一般のメディアに登場することはなかった。そしてその会議において、弘報処、交通部など政府や協和会の幹部が関東軍に何も口出しできないことは周知の事実であった。

放送は三重構造のシステムであった。表面は把握できても、その中身は把握しにくかったし、その最深部はほとんど捉えられなかった。つまり放送界は電々会社（娯楽）―弘報処（プロパガンダ）―関東軍（宣撫）の三つの機関の重層構造となっていた。その構造の下部へ行くほど、闇の権

力が支配していた。つまり電々会社よりも弘報処が強く、弘報処よりも関東軍に発言権があった。(33)

注

（1）Christopher H. Sterling (ed), *Encyclopedia of Radio*, pp. 1111-1112. Fitzroy Dearborn, 2004.
（2）山根忠治「吾が国放送業務の概況（一）」『宣撫月報』一九四一年八月号。
（3）山本武利『ブラック・プロパガンダ——謀略のラジオ』（岩波書店、二〇〇二年）の第二章「日本に刺激されたアメリカのブラック・ラジオ」参照。
（4）ラジオ検閲は総務庁交通部が当初担当していたが、太平洋戦争が始まったあたりで弘報処が受け持つようになった。
（5）満洲では、漢語、漢人（漢民族）、中国語、中国人という言葉は禁止され、満洲語、満洲人で統一されていた。
（6）前掲（注2）「吾が国放送業務の概況（一）」。
（7）山根忠治「吾が国放送業務の概況（二）」『宣撫月報』一九四一年九月号
（8）同上。
（9）FBIS, Program Schedules of Foreign Broadcasters, 1943. 9. 16, NARA, RG262Entry51Box2.
（10）美濃谷善三郎「満洲放送事業の現状」『宣撫月報』一九三九年五月号。
（11）「ラヂオ月評」『宣撫月報』一九三九年三月号。
（12）岸本俊治「放送事項の指導方針に就いて」『宣撫月報』一九四一年三月号。
（13）前掲（注7）「吾が国放送業務の概況（二）」。
（14）前掲（注11）「ラヂオ月評」。

(15) 通化省公署「康徳七年度弘報計画要綱」『宣撫月報』一九四〇年四月号。
(16)『満洲放送年鑑』昭和一四年版、五四頁。
(17) 中島光夫「農村ラヂオ化に関する当面の諸問題」『宣撫月報』一九三九年十二月号。同論文には『放送満洲』一九三九年七月号の「仕遂げねばならぬ農村のラヂオ化」が紹介されている。
(18) 牡丹江省公署「管下県市弘報要員打合会議議事要領」『宣撫月報』一九四〇年四月号。
(19) 安東省弘報室「流言に関する座談会」『宣撫月報』一九四二年八月号。
(20) 勤労奉仕隊実践本部編刊『満洲と開拓』一九四一年、二三頁。
(21) 総合放送文化研究所放送史編修室編『外地放送史資料・満洲編(Ⅲ)』一九八〇年、一九九頁参照。
(22)「支那の抗日団体」『宣撫月報』一九三七年八月号。
(23) 前掲(注21)『外地放送史資料・満洲編(Ⅲ)』二六三頁。
(24) FBIS, RG262Entry34Box5Number70, 1945. 4.
(25) 武本正義「かくて満放は終わりぬ」『赤い夕陽』一九六五年、三一四頁。
(26) 蘭信三『「満洲移民」の歴史社会学』行路社、一九九四年、六九~七〇頁参照。
(27) 通化省公署「康徳五年度復興工作実績報告書」『宣撫月報』一九三九年四月号。
(28) 通化省弘報部「県弘報主任者事務連絡会議」『宣撫月報』一九三九年六月号。
(29) 野沢正雄「治安工作と県政の確立」国際善隣協会編刊、一九七五年、二一二頁参照。
(30) 前掲(注28)「県弘報主任者事務連絡会議」。
(31)「宮本樺甸県副県長、宣伝宣撫に甦る」『宣撫月報』一九三八年五月号。
(32)「前篇　東辺道治安工作委員会と宣撫工作」『宣撫月報』一九三七年七月号。
(33) 弘報処長として甘粕の起用やメディア改革で実権を揮ったことを回顧する武藤富男は、甘粕人事で関東軍将校の最終判断を求めたことや、弘報処の支配下に入った新聞社人事でも、「自選であれ他選であれ、候補者の履歴書は弘報処長のもとに出る。処長は総務長官と関東軍第四課と相談する」（三四〇頁）と述べている（武藤富男『私と満州国』文藝春秋、一九八八年）。

Ⅲ

対ソ

第八章　対ソ・インテリジェンス機関としての731部隊の謎

石原莞爾と731部隊

日本陸軍が一九三三年に中国・ハルビンに設立した731部隊（以下、731と略記）。この秘密部隊の創始者で隊長だった石井四郎中将は、活動の中軸を、当初の給水活動から防疫活動へ強引に移し、さらには生物兵器開発へと突き進んでいった。

抗日分子と判断した中国人、ソ連人などをマルタ（丸太）と呼んで、彼らを多数使って非人道的な秘密の人体・生体実験、および生体解剖をハルビンの平房《へいぼう》研究所で大規模に実行、また寧波など華中の都市や前線で生物兵器を人体試用し、多くて一千人の中国人の死者を出した（常石敬一「細菌兵器と日本軍七三一部隊」『世界戦争犯罪事典』文藝春秋）。ロボット的残虐部隊、エリート軍医集団としての非人間的側面が強調されてきた。

筆者は五年前に、アメリカ陸軍インテリジェンス機関がGHQの民間諜報部ならびにCCD（民事検閲局）に出した、占領下の日本の731関係者の郵便物検閲を要請する一九四六年二月のウォッチリスト（要監視対象リスト）を見つけた。その冒頭には、石井四郎、細菌戦、平房研究所、そして米軍に尋問を受けた人物および、彼らの仲間との会合などあらゆる情報を郵便物検閲で発見するよう指示していた（山本武利『GHQの検閲・諜報・宣伝工作』岩波現代全書、八頁）。

GHQは占領以来、石井など731の主要メンバーから、戦争責任を問わない代償に、膨大な実験・実戦データや生物兵器の開発情報を独占的に入手しようと必死であった。この文書には石井を先頭に内藤良一（後のミドリ十字社長）、正路《しょうじ》倫之助、吉村寿人、緒方規雄（いずれも戦後の医学界要人）に加えて石原莞爾（元中将で、満洲事件の首謀者）など一二名の肩書、住所が列挙され、さらに部隊関係者と思われる九人のリストが出ている。

石原は後に日本の中国侵略を中止させようと動いた中心人物との評価が、昨今高い。その石原が731部隊のお尋ね者リストに入っているのはなぜか。今回、731関係資料を漁っているとき疑問を解く資料に巡り合わせた。一九二八年に張作霖爆殺事件を起こした河本《こうもと》大作の証言（一九五三年四月十日）がそれである

満洲事変勃発後の一九三三年頃、関東軍副参謀長石原莞爾少将が研究再開を進言し、同時に牡丹江付近で研究と実験を行なうよう提案した。こうして関東軍によってこの研究がはじめられたのである〔中略〕石原莞爾はこのことについてかたく機密を保持していた。（中央档案館ほか編『証言人体事件――七三一部隊とその周辺』同文館、五九頁）

満洲侵略の火付け役として中国共産党政権から戦争責任を追及されていた河本が、自身の罪の軽

減のために石原を引き出したとの憶測もあろう。

だが石原のＧＨＱウォッチリストへの登載は偶然ではなかった。列強との軍事力競争に遅れを認識した合理主義者の石原が、石井の提案に飛びついたというのがほんとうらしい。生物兵器開発は資源の少ない日本では不可欠との石井の意見に耳を貸したのは石原だけではなかった。後の陸軍省軍務局長永田鉄山や参謀本部作戦部長の鈴木率道も同様だった（青木冨貴子『７３１』新潮社、五二頁）。軍中枢で石井の主張を積極的に排斥した者は今のところ見当たらない。

７３１公文書の告げるもの

陸軍中野学校卒業生の満洲での活動を追っていたら、アジア歴史資料センターで「関東軍防疫給水部略歴」（以下「略歴」）という、これまで知らなかった文書に出会った。関東軍防疫給水部とは、７３１の正式名である。この文書は一九六三年に厚生省援護局が作成したものだ。これは森村誠一『悪魔の飽食』ノート』の巻末（晩聲社、一九八二年）に説明抜きに記載されているが、その後関連書では全く無視されてきた。

この文書の冒頭には、関東軍直轄部隊として７３１は「部隊長以下全員軍医薬剤官及び衛生下士官兵をもって編成し、各部隊の防疫給水及細菌の研究予防等の業務に従事」とある。医師、薬剤師、衛生下士官だけの特殊な軍隊であったことも分かる。次に編成が出ている。

昭和一五年八月二三日

「ハルビン」において編成改正完結。
左記の編成をもって、細菌の研究を担任、各部隊の防疫給水、血清、痘症、予防ならびに錬成隊において青少年の教育を実施す。
本部「ハルビン」総務部　第一、二、三、四部
資材部　教育部（錬成隊）
診療部
支部　牡丹江、孫呉、林口、大連、海拉爾
続いて731部隊隊長の石井四郎や五支部の配置、責任者、隊員数が列挙されている。
本部「ハルビン」中将石井四郎以下約一三〇〇名
支部　海拉爾　少佐加藤恒則以下
約一六五名
牡丹江　少佐尾上正男以下約二〇〇名
孫呉　中佐西俊英以下約一三六名
林口　少佐榊原秀夫以下約二二四名
大連　技師安東洪次以下約二五〇名

731は一九四〇年時点で、すでに総数一二七五名の大部隊であることも分かる。終戦直前の一九四五年一月の資料（関東軍編成人員表、防衛省防衛研究所所蔵）によれば、軍人一三七八人、軍属二〇七五人、総数三四三三人であるから、五年間で五割の増加であり、戦争とともに巨大化していたことも裏付けられる。細菌培養、病理解明と武器化、情報、調査、管理部門の肥大化の経過も分かる。終戦直前の四五年六月十五日には「ペスト」防疫部を編成し、大連支部に編入している。従来の「証言」にあった本部、支部組織の記述は断片的なものに過ぎず、この公文書で部隊史が系統的に初めて明らかとなった。

「略歴」のアジア歴史資料センターの文書番号C12122501100は、原簿所蔵の防衛省防衛研究所（C）の資料が、二〇一二年十二月二十五日にアジア歴史資料センターから公開されたことを示している。公開されてから年月が浅いので、出版物に今まで掲載されていなかったのかもしれない。

戦後、731に関する公文書は徹底的に廃棄されたと見られていたが、陸軍中野学校資料と同様、一部は廃棄を免れていたのだ。近年アジア歴史資料センターなどで、歴史的資料となる公文書のデータベース化とその公開が進んでいるが、そうしたアーカイブスでは「731」で検索しても何も出てこない。だが「関東軍防疫給水部」など幾つかの別のキーワード、あるいは人名などで丹念に拾っていくと、思いがけない公文書が発掘できることがある。

ノモンハン事件への参加

「略歴」に「細菌の研究を担任、各部隊の防疫給水、血清、痘症、予防」とあるように、各戦線

図1　731部隊のノモンハンでの給水活動（アジア歴史資料センター所蔵　C13010544700）

に随行して行なう「防疫給水」が731の重要な任務であった。それは兵站工作に等しい後方支援に相当した。

731の戦前の足跡で活躍が目立ったのはノモンハン事件である。「略歴」でも唯一具体的な戦争の名前として、一九三九年六月二十三日から十月上旬までに「部長以下一部「ノモンハン」事件に参加」したとある。

関東軍はこの事件でソ連軍に完敗を喫し、多大な損害を出した。そのなかで731は軍隊内で「皇軍衛生勤務上嘗て見ざる成果を挙げたるは、真に衛生部隊の誇りとすべく、全軍の亀鑑にして武功抜群なり」として表彰された（岩城成幸『ノモンハン事件の虚像と実像』彩流社）。このとき表彰の対象となったのは、給水部の水浄化や自軍兵士へのワクチン投与であった。防疫部ではハルハ河に腸チフス菌をまいたという説があるが、はっきりしない。ともかく

731部隊長の石井四郎は、ここぞとばかりノモンハンで、軍内での存在感を誇示した。他の軍部が意気消沈し、関東軍情報部も評価を失墜させるなかで、唯一存在意義をアピールできたのは731であった。

この戦争ではまた、部隊長自身が開発した石井式給水器とそれを装備した自動車の効能が認められた。一九三九年十一月「集団防疫、陣地防疫乃至検索用トシテハ、ノモンハン戦闘ニ於ケル経験ニヨリ、当隊ニ於テ考案設計装備サレタル大型防疫自動車完成」にこぎつけ、一九四〇年型ドイツ軍野戦細菌検索自動車の購入を図った（防衛研究所所蔵資料）。事件後に731の装備要求は一層高まったことが分かる。このころ、巨大な平房の部隊本部や実験施設も完成した。

一方、陸軍病院や野戦病院の設備・待遇への「悪口」を挙げた「名和閣下報告要旨」が、一九三九年十二月に731から関東軍に出されている（C13120707900）。軍内での冷遇をこの際解消させたいとの、石井の高揚ぶりがうかがえる。

731の「特殊任務」

「防疫給水」の作戦は戦闘地域によって異なるため、各現場でなすべき共通項目を列挙した文書もある。石井部隊の村上隆軍医少佐という作成者の実名が記された「兵要地誌調査研究上ノ着眼点」（C13021548600）がそれである。こうした資料は、全く731文献には紹介されてこなかった平時の731のフィールド活動の謎の側面である。

兵要地誌調査研究上ノ着眼（一般共通要目）

一　地形地質

1　地形竝ニ地質ニ関スル戦略戦術上ヨリ大局的観察

2　特殊任務遂行上ヨリノ判断

3　野戦衛生機関運用上ヨリノ調査研究

二　河川、湖沼、湿地

1　分布状態ト其ノ特性ニ就テノ調査研究

2　作戦上就中特殊任務ノ遂行上ヨリノ価値判断

3　野戦衛生機関運用上ヨリノ調査研究（中略）

五　給水

1　野戦給水源ノ調査研究

2　作戦地ノ現有給水能力判定（季節的観察）竝対策

3　作戦路又ハ要地毎ニ採用スヘキ給水方法

4　給水困難ナル場合ノ対策及編成装置

5　特殊任務遂行上ヨリノ着意竝価値判断

各項目に必ず掲げられた「特殊任務」は具体的に説明されていないが、前線での「細菌」散布に関わることと推測される。村上少佐は一九三八年十月の参謀本部ロシア課の名簿に名を連ねるれっきとした謀略将校であった。ノモンハンへの参戦直後に「石井部隊対「ソ」作戦上特ニ顧慮スヘキ主要戦疫ニ関スル地誌学的観察」(C13021543900)を部隊内に配布した。具体的な地名として「黒河、瑷琿、孫呉方面出張報告」(C13010038600)と「満州里」(C13021547000)がある。

「黒河、瑷琿、孫呉方面出張報告」の発行年は不明であるが、五月八日から十五日にかけ、篠田技師、田中技師、小笠原曹長が虻類の発生、予防、駆除の研究準備のために、当時孫呉に駐屯の河村部隊の協力を得て、適地を求めて孫呉、黒河周辺の湿地帯を回った際の、写真入りのリポートである。満人の注意をひかずに、また白系ロシア人の研究者とは連絡を避けて実行すべきとの記述がみられる。

「満州里」は一九四〇年五月の満洲の玄関口の位置、気象の概況を簡単に記し、給水概況は良好としながらも「予想戦場」の西北方地区は給水源が乏しいとする。市街の概況として、満・漢人三五〇〇、白系露人二〇〇〇、日本人一五〇〇の人口構成である。ソ連側の領事館代表部、モロトフ鉄道事務所が所在する。衛生状況では、風土病はなく、乾燥し、水質良好という。

注目すべきは付録である。その冒頭に在満洲里のソ連人は「本国竝領事館ヨリ特別任務ヲ受ケ巧妙ナル連絡網ヲ構成シ、情報ノ蒐集及宣伝工作ニ従事」している。さらにスパイの現在数は七一名で、そのうち医師で七人、薬剤師で一人のスパイがいるという。最後に出国者、入国者の国境駅通過者を日本、英、米、仏、ドイツ、ソ連人、満人、漢人別の一覧表にしている。いかにも「特殊任務」を負った731らしい報告書である。

ハルビン保護院と中野出身者

ノモンハン事件での情報伝達の不統一と遅れを敗因と反省した関東軍は、新京の総司令部第二課にあったインテリジェンスの機能を、ハルビンに本部を置く関東軍情報部に集中させる大改革を実行した。その結果、関東軍情報部は六班構成となり、隷下におく特務機関や特殊部隊は多種多様となった。731もそれに合わせ、先の「略歴」にある「編成改正完結」となった。

参謀本部から陸軍中野学校に出された「時局関係部隊人員増加配分要請　昭和一六年七月二五日」（C04123232100）という文書では、卒業生の約三割がハルビンの関東軍情報部に配置されたことが分かる。各部署に陸軍中野学校の卒業生が配分された。その部署の一つがハルビン保護院である。そこにソ連から来た逃亡兵、スパイや亡命者、中国内の抗日分子などが保護という美名で集中管理され、情報入手や親日派への転向工作が図られた。そしてその工作に同調しない収容者は731部隊の生体実験や解剖のマルタとして転移送（当時の関東軍用語で「特移扱」）された。

陸軍中野学校卒の飯島良雄（乙1短、元少佐）は戦争末期に保護院隊長つまり現場最高責任者となった。彼はソ連に抑留され、ハバロフスクでなされたソ連側訊問調書で一九四九年十月二十日に次の証言をしている（『細菌戦用兵器ノ準備及ビ使用ノ廉デ起訴サレタ元日本軍軍人ノ事件ニ関スル公判書類』モスクワ外国語図書出版所、一九六六頁）。

「保護院」或ハ別名「科学研究部」ハ、哈爾濱《ハルビン》特務機関ノ管轄下ニアリ、同特務機関長ハ、当時秋草少将デシタ。「保護院」ハ、一五〇名ノ収容ヲ期シ、同院ニハ様々ノ原因デ、満州領土ニ入リ、日本ノ国境守備隊及ビ警察部隊ニヨッテ取押エラレタソヴエト市民ガ監禁サレテイマシタ。「保護院」ニハ男子丈ガ監禁サレ、彼等ハ色々ノ副業経営的ナ農事ニ従事シテイマシタ。院内ノ規律ハ厳重デ、一寸シタ規律違反ニ対シテモ、之ヲ犯シタモノヲ処罰シ、特ニ収容所カラノ逃亡ヲ企図セルモノヲ処罰シマシタ。私ハ哈爾濱ノ日本特務機関ノ許可ヲ得テ、此ノ様ナ人物ヲ関東軍第七三一部隊ニ送リマシタ。

飯島自身、一九四五年二月に保護院に移った。その後終戦までの在任中、四〇名のソ連市民を実験用に送り、死亡させたと述べた。彼によれば、731に移送された者は他の箇所に移された者と異なり、プッツリ連絡が途絶えることから、その時点で死亡させられたと判断した。マルタ扱いをされたことは知らなかったという。

彼以外に五人の中野出身者が保護院に勤めた。彼らは飯島同様、管理、工作、調査の部門で広義のインテリジェンス活動を担っていた（中野校友会編『陸軍中野学校』二〇〇頁参照）。

ここで付言したいのは、飯島証言に中野学校創設者で、初代校長であった秋草俊が出てくることである（本書第一章参照）。飯島たちは保護院収容者を「特移扱」とする際には、秋草の決済を得たという。決済の際、関東軍情報部長として秋草が収容者の「処刑」を承知していなかったとは考えられない。731のマルタの大多数は満洲の警察、憲兵隊が捕えた者である。保護院を経た者の比率は低かったものの、彼ら旧中野学校関係者が731の非人道行為に加担したことは疑いようがない。

寒天と秘密生物兵器

一九四〇年夏、中野学校に在学していた原田統吉（乙1長、元少佐）は「マルタ」という言葉を毒物・細菌の講義で聞き、「一つのショック」を受けた（『諸君！』一九七六年十月号）。同時期に学生だった原田たちは７３１の実態をかなり知っていたのだ。

中野学校に一九四〇年十二月に入学した村田克己（乙２）も在学中に集団見学した陸軍医学校での石井四郎の発言を記憶している。石井は当時参謀本部付きで東京にいた。

> 石井軍医大佐の案内で若松町の軍医学校の研究室を見学。支那事変の始まった昭和十二〜三年頃、戦線の各地でコレラ菌が人為的に井戸に投げ込んであり、日本軍が被害を被ったこと。また炭疽菌という馬の体内に入ると一晩で死んでしまう恐るべき細菌がクリークに投げこまれていたこと。特に北満黒河付近で、ある国が炭疽菌をばら撒いたため、三千数百頭の馬が一挙に死んでしまった例などを聞かされた。眼に見えない恐怖の秘密戦である。石井大佐の話によれば、長野県産品の寒天をチリ国が大量に輸入するので何に使用するのか調査したところ、某国へさらに輸出され細菌培養に使用されていることが判明した。諸君の中に北欧の国へ勤務するものがあったら、例え《ママ》一行でも細菌戦に関係あるような記事など発見した時は是非送って欲しいと言はれたことが印象ことのほか深い。この細菌戦予防のため「防疫給水部」を作られたのが石井軍医大佐であった。（『中野学校友会々誌』第二九号、一九八五年）

ここで石井のいうコレラ菌や炭疽菌で日本に被害を与えた「ある国」とはソ連のことであろう。先の回想で原田統吉は講義でソビエト・ロシアが残虐な研究をしていると聞いたと述べているが、その講師はこの石井であったと見てよかろう。

ともかく石井は、村田たちにその恐怖の細菌戦に打ち勝つには、日本がそれ以上に強力な細菌兵器を開発する必要があると述べた。またソ連との細菌戦に打ち勝つ情報を何でも欲しがっていた。とくにソ連に隣接する北欧に工作員として派遣される中野学校のインテリジェンス戦士への協力要請の姿勢には、真摯なものがあったことが分かる。それにしても石井の口から寒天が出るとは若い戦士には突飛であった。だからこそ三五年前の石井の話を記憶していたのだ。

一九四〇年九月三十日付けで加茂部隊長石井四郎（加茂部隊とは石井の出身地の加茂を使った防疫給水部の防諜名であった）は、陸軍大臣東条英機あてに「寒天調弁価格ニ関スル件申請」という書類（C04122979000）を提出し、そこで寒天を取り上げ、それを目立たぬように夜間、覆いのついた汽車、自動車で産地から出港地に運ぶ「軍機保護上ノ処置」が重要と述べている。なぜなら「本品ハ〇〇性〇〇ヲ培養シ之ヲ各種薬物ニ利用セラルルヲ以テ其ノ調弁数量等ハ直ニ我軍ノ企図等察知セラルルノ虞レアリ。殊ニ昨今世界各国ハ著シク神経過敏トナリ牒報戦ノ潜行盛ンナルト一般国民中ニモ相当深刻ナル関心ヲ抱キアル者」が多いからであると。

石井からいえば、「たかが寒天というなかれ」であった。細菌培養には寒天が必需品であった。その売買は生物兵器の開発を競う列強間では「諜報戦」の様相を呈した。それは日本国内でなされるときでも秘密戦であった。そこで731ではなく、「加茂部隊」の名前で大量、安価に入手を図ったのだ。

石井は中野学校生に細菌戦予防のための戦略商品として身近な寒天を挙げた。引用した加茂部隊資料にも寒天が出てくる。しかし生物兵器開発の素材としては、寒天よりも各種の細菌株、ノミ、ネズミ、モルモット、培養装置などの実験施設など、もっと重要なものがあった。何よりもマルタが最重要機密素材であった。人体実験を重ねた細菌兵器、生物兵器各種、各段階の器機にはより高い機密の重要度があった。石井にとって寒天は公開できる限界的な素材であった。彼は陽動作戦でそれを出した。寒天はより重要な機密を隠すためであった。彼に言わせれば、寒天の秘密が守れないのなら、彼の秘密工作全体が水泡に帰すという気持ちだったのであろう。

インテリジェンス機関への批判

石井部隊が一九三九年三月二十八日付けで作成した「対「ソ」諜報竝防諜ニ関スル事項」(C13021546000)という一二ページの比較的大きなリポートがある。その「緒言」に諜報、防諜、謀略は国家存亡にかかわる重大事と大上段で述べる。続いて、各国大使館に出入りするものみながスパイである、「大使館関係者以下ニ新聞記者商人宣教師等」に気をつけねばならないと、その頃、東京で暗躍していたゾルゲ・グループに警戒すべきとでも言うような口ぶりである。

そのリポート作成者によれば、なんといっても警戒すべきはソ連だ。満洲国の誕生でソ連と陸続きとなった日本は有史以来ソ連という大国を接壌国としてもつことになった。

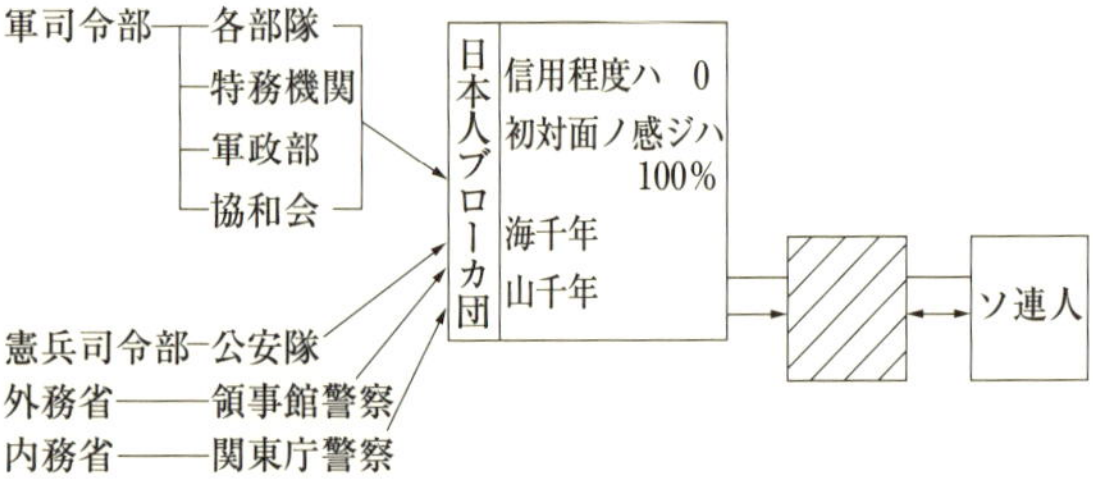

図2　731部隊の対ソ・インテリジェンス・チャート

とく注視すべきはハルビンだ。ソ連のインテリジェンス拠点となったその大都市には第三国の領事館、諜報機関が混在し、人種もユダヤ人、白系ロシア人などが共存し入り乱れる。ソ連のインテリジェンス機関にとって「企図秘匿上都合がよろしい」。さらにソ連は、ハルビンより満洲南方への漸次浸透を隠密裏に図っている。ソ連は日満両国の情勢を探索するために関東軍の動向を監視しているという。

ソ連の諜報手段は、①人的手段（現代風にいえばヒュミント）、②文書諜報（オシント）、③科学的諜報網（シギント）と多彩、稠密である。たとえばスパイに「個人携行ノ簡便ナ器材」を使用させている。図1も含めた以下がこのリポートの根幹部分である。

日満両国ノ対ソ諜報

諜報拙劣ニシテ而モ防諜心薄キタメ、寧ロ得ルヨリモ失フ方カ多イ。蓋シ当該機関ノ一元化ヲ必要トスル理由ハ此処ニ存在スルノデアル〔中略〕

日本ニ於テハ殺人罪ニ死刑ヲ要求スルモ国家ヲ危機ニ陥ラシメル様ナ国事犯ニ対シテハ死刑ノ判決ヲ見ルコトカ稀テアル。従来ノ此種ノ刑ハ軽キニ失シタ日本やその支配下の満洲国は各種多様なスパイの監視、取締機関を持っている。軍司令部でも四つの系譜の機関を持っている。だが個々バラバラである。しかもそれぞれに満洲浪人や私的特務機関を抱えていて、統制がとれない。そこに出入りする日本人ブローカーは口八丁手八丁の老獪な連中で、彼らは金目当てにいかがわしいガセネタを持ちこむ。一方、ソ連人には二重スパイや逃亡兵が多く、情報は信用できない。日本側、ソ連側の玉石混交の情報が各機関に入り乱れるわけであるが、図の斜線部分にあたる肝心の「中間型桃色諜報」の信頼度は極めて低くなるというのが、このリポート制作者の主張である。

ソ連は国事犯には死刑、全財産没収という厳罰を科するのに対し、日本では罰金刑程度である。したがって日本の新聞、雑誌は罰金刑覚悟で報道して、部数を増やし、私的利益を得ようとする。ソ連大使館では、メディアからの漏洩情報つまりオシントの入手のために当時の金で二万円もの購読料金を払っている。

石井部隊は軍医、医学者などで構成された特殊部隊であった。この医師の、自然科学的目線での皮肉、冷徹なインテリジェンス機関分析は、職業軍人のマンネリ的なインテリジェンス対策を鋭く衝くものとなっている。この筆者は不明だが、石井部隊長や村上少佐などのインテリジェンスへの高い関心度を反映したものと考えられる。彼はコテンパンにやられたノモンハンを教訓にしながら、生物兵器で武装した日本軍が731を先頭にソ連を打ちのめす気概である。機密兵器を長年扱ってきただけに、多重的防諜インテリジェンスにはことのほか敏感であり、それだけの見識が反映されている。

心理戦における731部隊

私の手元にある中国駐屯のアメリカ陸軍側のリポート「Japanese Biological Warfare」やフィリピン連合国駐屯のリポート「Biological Warfare」ではいずれも、日本軍は生物兵器を実戦には使っていないと報告している。ビルマを中心に日本軍と戦っていた英米連合軍の一九四四年のATISリポートでも、武器としての脆弱性を日本人捕虜の供述から結論づけている。

つまりその兵器は味方に害を与えないで、敵にのみピンポイントで被害を与える完全な兵器にはなっていない、と日本の参謀本部自身が認識していた。が、連合軍側は、戦局の悪化と撤退の際には、不完全であってもその兵器を日本側が使う可能性はあると見ている。

731は生体実験などで三〇〇〇人もの人間を死亡させた、とハバロフスク裁判で糾弾された。その半分、いや四分の一でも歴史に残る極悪非道な犯罪である。731の生物兵器は、実戦では兵器としてソ連や中国から言われるほどの被害を与えなかったが、その隠蔽された武器開発能力の不気味さで思わぬ心理的効果を敵側に発揮した。心理戦、プロパガンダ戦で最も威力を発揮したという皮肉な状況にあったといえるだろう。

とかくこれまでの731研究には感情的な糾弾型が多かった。ソ連のハバロフスク裁判や中国での被害をまとめたとする書籍が大量に出回っているが、その当事者の実証能力には疑問を挟まざるを得ないものが大半である。関係者とくに被告・抑留者の「証言」からの引用が多く、反証はまず出ない。客観的、実証的、冷徹な研究姿勢の欠如したものが目立つ。GHQの石井らの戦犯免責と、実験結果の米国機関による米国への「拉致」と隠匿も、追及を阻んできた。

そうは言っても、関係者の「証言」は謙虚に聞かねばならない。ハバロフスク裁判での一連の検察側証言について青木冨貴子は、「いかにもソ連側に強要されて語らせられたような不自然な言葉が混在している一方で、石井部隊員でなければわからないディテールも見事に語られている」（前掲書、五一二頁）と指摘している。

私の飯島証言への評価も青木と同様である。一方日本軍、とくに関東軍、もちろん731部隊、さらに日本政府の資料を入手し、点検せねばならない。それにはまず、意外にも大量の公文書が保存、公開されていることを知らねばならない。そこには731の謎の解明につながる資料が潜んでいる。

第九章　北欧の日本陸軍武官室の対ソ・インテリジェンス工作
――小野寺信のアメリカ側への供述書

山本武利　訳・解説

供述書の理解のために（訳者）

訳者は二〇〇五年四月二日にアメリカ国立公文書館で、「日本の戦時下の北欧でのインテリジェンス活動」という五八ページのSSU資料[1]を入手した。[2] SSU資料には小野寺信スウェーデン大使館付武官、小野打寛《おのうち》フィンランド公使館付武官、広瀬栄一同館付武官補佐官など北欧のインテリジェンス活動を担った陸軍将校に対するアメリカ陸軍諜報機関SSUの尋問と彼らの供述内容が列記されているが、その内容の大半は小野寺の応答記録である。小野打や広瀬が登場するのは、フィンランド、ヘルシンキ関係の箇所に限定されるのに対し、小野寺の名は全篇に現われるといって過言ではない。したがってこのことは、彼のこの資料での比重の高さだけでなく、彼の北欧、東欧での諜報活動の重さを示唆している。

小野寺は注（2）の資料で自身の略歴を語っているが、SSUでは別に詳しい履歴をまとめている。[3] さらに彼の妻による武官時代の回想記[4]を参考にして、訳者は彼の終戦までの足跡を以下のように要約した。

一八九七年　岩手県生まれ
一九一二〜一五年　仙台幼年学校入学
一九一五〜一七年　中央幼年学校（東京）入学
一九一七〜一九年　陸軍士官学校、ロシア語を学ぶ
一九一九年　少尉、歩兵二九連隊付
一九二〇年　陸士卒
一九二三年　中尉、歩兵連隊中隊長
一九二五年　陸軍士官学校予備門教師
一九二五年　陸大受験
一九二七年　結婚
一九二八年　大尉、陸大卒
一九三〇〜三二年　陸軍幼年学校教師（千葉）。名目のみで教師活動なし。ソ連、ドイツの軍事組織と戦略を研究。北満の視察と地誌研究
一九三一〜三三年　陸軍参謀本部第二部ロシア課、ソ連の戦術と戦略の調査
一九三二〜三三年　陸軍参謀学校で軍事科学の教師、高度な大演習の訓練

一九三三～三四年　ハルビンでソ連の欧州での未来軍事行動を研究したが、ロシア語教師以外はロシア人との接触なし
一九三四年　少佐
一九三四～三五年　参謀本部第二部シナ課、ソ連満洲国境の地誌的研究。ウラジオ、チタなどの旅行
一九三五～三八年　リガ公使館付武官
一九三七年　欧州の日本人使節団との接触。外国武官との接触。ソ連の研究、ラトビア、エストニアの参謀から豊富な情報入手
一九三八年　参謀本部第二部員で、陸大教官を兼ねるが、教師は名目
一九三八～三九年　支那派遣軍作戦部。中国共産党と国民党CC団へのインテリジェンス工作（小野寺機関時代）
一九三九～四〇年　陸大教官、大佐
一九四〇年　スウェーデン公使館付武官
一九四三年　少将

この履歴が示すように、小野寺はドイツ語、ロシア語が話せる対ソ・インテリジェンスの専門家であった。ハルビン、上海機関時代があっただけに、武官としての視野、経験は比較的広かった。とくに対ソ戦略では中国、満洲との関連づけが不可決で、度重なる満洲滞在や視察の体験は

武官時代の情報判断を複眼的にした。とくに上海体験のある武官は参謀本部ロシア課では珍しい。彼はソ連を通じた日中和平工作を行なおうとするロシア課の期待を背負って上海に派遣された。当時の上海関係の公文書でも、小野寺機関という名称が登場している[5]。しかし土肥原賢二・影佐禎昭系列のシナ課の特務機関の勢力が圧倒的に強く、彼の機関の現地工作を排除した。もともと参謀本部ではシナ課がロシア課よりも発言力があった。謀略での工作力や実行力でロシア課の期待に応えられなかった彼は、失意のうちに上海から撤退した。まもなくスウェーデンへ赴任したが、日露戦争での明石（元二郎）時代のような謀略工作の拠点としての展開は想定されなかったので、それは左遷扱いであった。参謀本部の彼への期待は、戦略とか謀略よりもインテリジェンスの専門家としてであった。

世界の武官室からの殺到する情報を取捨選択、評価する東京の参謀本部では、それを選択するステレオタイプ的な優先順位ができていた。中国や満洲の最重視は当然のこととして、英米がそれに次ぎ、さらに欧州が注目された。日本での北欧の地位は低く、スウェーデンはドイツの衛星地域としての位置づけであった。対ソ・インテリジェンスだけを見ても、参謀本部は武官出身の大島浩大使の率いるベルリン情報を重視し、小野寺が嘆いているように、彼の情報は軽視されていた。スウェーデン武官室はポーランド並みの位置づけであった。

図1　小野寺信（『丸』1998年10月号）

ところが中立国スウェーデンがドイツ敗戦で欧州全体のセンターとして貴重な存在となっていくなかで、小野寺の武官としての期待が東京では高まったし、その活動は西側先進国とくにアメリカのインテリジェンス機関に注視される存在となってきた。ただし、彼の送る情報の質はかなり高かったにもかかわらず、辺地の武官室の情報の一つとして本国では依然として無視されがちであった。

なお戦前の日本大公使館には、所在地の国では本名を明かしてインテリジェンス工作を行なう陸海軍の武官や武官補佐官が駐在していた。大公使が外務省の指揮下にあるのに対し、陸軍武官は参謀本部に指揮され、得た情報やリポートを陸軍暗号で伝達していた。以下の供述書は第三人称で記載されている。また、供述書中での訳者・山本のコメントは〔 〕で括って記す。

＊

1　小野寺供述書の要約

スウェーデンへの赴任

ＳＳＵ資料によると、小野寺は一九四〇年十一月にストックホルム陸軍付武官となった。ロシア、フィンランドの専門家の西村敏雄大佐の後任であった。ヘルシンキのポストには一九四〇年九月二十九日に小野打が就いたが、それまではストックホルムの公使館が兼任し、武官補佐官が担当していた。ロシアのポーランド、バルト諸国の占領後、フィンランドがロシアと国境を接する唯一の国となったため、常駐化するようになったのだ。

参謀本部では彼を優秀なロシア専門家として欧州に派遣した。ただ戦局推移の結果として活動的なセンターになることが予想できなかったので、必要なスタッフや設備を用意されないでスウェーデンに赴任した。スウェーデン政府に信任されただけであったが、ノルウェーやデンマークにも責任を持つことになる。ドイツの軍事部門と関係が良かったので、ノルウェーによく行った。デンマークはドイツによって閉鎖されていたが、ベルリンへ行く途中に寄った。

欧州での他の日本軍の機関とは直接関係がなく、ストックホルムの日本公使館とさえも完全に独立した活動をした。したがって資金も別で、東京との直接交信の個人暗号を所持していた。

表1　小野寺信の活動資金

	管理費	諜報費
1941年	120,000	30,000
1942年	120,000	40,000
1943年	120,000	40,000
1944年	120,000	360,000
1945年	75,000	40,000

（単位　クローネ）

小野寺の活動資金

彼の資金は管理費と諜報費で、参謀本部から送られた。陸軍省から支出されるボールベアリング、ピアノ線などの購入費は大倉商事、三井物産、三菱商事、昭和通商のベルリン支店の彼の個人口座に入った。一九四一年夏まではドルが横浜正金銀行からニューヨーク経由でストックホルムの銀行に送られ、当地の通貨クローネに替えられた。それから一九四二年末までは横浜正金銀行の東京本店からベルリン支店経由となり、さらに一九四二年から終戦までは直接ストックホルムの銀行に送られた。

管理費の最大支出項目は電信費であった。諜報費は秘密のソースに直接手渡し、海外送金、役人へのプレゼント代などであった。一九四四年の諜報費が突出しているのは、フィンランドのソ連暗号書購入三〇万クローンの特別支出があったためである。(6)

東京からの指令

小野寺の基本的な収集任務として以下の六つの項目があった。

①ソ連の軍事、政治、経済にかんする一般情報　この任務が彼の以前の訓練からして一番適任であった

②ドイツのインテリジェンス　これはストックホルムの通常目標で、日独緊密化後も継続する。

③スウェーデン、ノルウェー、デンマークのインテリジェンス　一九四四年八月後はフィンランド、バルト諸国が追加される

④戦争の一般的な戦略インテリジェンス

⑤両陣営の新戦術

⑥西側の諜報

特殊な収集任務としては四つの項目があった。

①一九四一年二月　ドイツの英国侵攻の全情報収集　ドイツ、エストニアから得たドイツのロシア侵攻の情報を報告したが、ベルリンの大島浩大使の英国侵攻情報を東京は信じる。妻が四

一年五月に到着したとき、東京では彼に非常に不満で、召還もありうるとの情報を得た

②一九四四年九月　枢軸のスパイ組織の引継ぎ

③一九四五年五月　欧州から極東への連合軍の移動の全情報収集

④一九四四年二月　スウェーデンからのボールベアリングの購入の緊急命令　三度試みるが、失敗した

ストックホルムの事務所

独ソ開戦以前では、ストックホルムは全欧州の武官室では相対的に重視されなかった。一九四一年六月以降もドイツの影響下にある日本関係機関からの無視が続く。四二年初頭から観測地点として重視されだし、ベルリン、パリから新聞記者も到着。三井、三菱の代表者が武官事務所に嘱託として加わり、海軍武官室も四二年半ばにできる。こうした展開はあったが、戦時を通じ、小野寺の事務所がインテリジェンス活動を行なう日本の唯一の組織であった、と彼は強調している。

図2　大島浩（『丸』1998年9月号）

ストックホルムのリネンガタンにあった小野寺の自宅が事務所兼用であった。他の人員は近郊に住む。夏は近郊のユシホルムに借家。本間次郎（三井）、井上陽一（三菱）が来る一九四二年八月まで、小野寺夫人が

手伝う。両人は暗号などインテリジェンスの訓練を受けていなかった。

一九四四年、佐藤中佐が解体されたイタリア武官室から武官補佐としてスウェーデンに赴任する。彼は航空技師で、インテリジェンスの経験なし。さらに四四年十二月、伊藤大佐、木越少佐が赴任したが、参謀本部と関係なく、諜報訓練なし。事務所には日本語リポート用の速記タイピストがいなくて、東京にたびたび女性秘書派遣を要請したが、独ソ開戦のためは実現せず。秘書事務は全て彼の秘書が受け持つ。

スウェーデン公使館と岡本公使

岡本季正公使赴任の一九四二年末、代表部人員が二倍に増え、インテリジェンス活動が盛んとなる。四三年末、ローマの武官がストックホルムへ立ち寄る。四四年半ばに欧州大陸の日本の外交陣が変容する。フランスは解体し、ドイツの余命がいくばくもなくなり、スペイン、ポルトガルの外交環境も不安定化し、その結果、中立国の首都ストックホルムが日本諜報機関の重要拠点となり、欧州大陸から移動してくる。新聞関係者も集結する。阿部勝雄中将ら二〇人の海軍将校が四五年に来るが、スウェーデン政府に拘束、収容された。

小野寺は公使館内では組織的な諜報活動ができなかった。公使館には三人の有能な人物がいたが、岡本公使が諜報活動に関わらせなかった。岡本はそういった活動は国を代表する外交官がやるべきだとの原則を堅持していた。小野寺はいつもインテリジェンス工作の邪魔をする岡本公使をひどく嫌悪していた。公使館職員の主な活動は新聞など刊行物の分析であった。

岡本公使は英米の専門家であったが、連合国側にひそかに好意を寄せる人物と日本人から見られていた。岡本はスタッフが秘密諜報活動で成功しても、自分の強権で何ごとも隠そうとする姿勢をとっていた、と小野寺は明言している。

海軍武官の三品伊織中佐は無線の専門家で、通常の直接的な方法による諜報入手にしか関心がなかった。彼の補佐官は新聞分析と若干の地元新聞記者と接触するだけであった。

ストックホルム駐在のジャーナリスト

小野寺は日本人ジャーナリストを雇ったことはないし、諜報活動に使ったこともないと強調した。しかし彼のスタッフには記者の知己がいた。事務所が、常に彼らの集合場所に使われ、小野寺夫人が全員を招待し、夕食会を週一回は開いた。他の機関も新聞記者を使ったことを聞いていないという。ジャーナリストの大半は一九四一年十二月から、米英の動静を観察し、東京へ情報を送るためにストックホルムに来た。彼らは外国人記者と接触し、全ての外国新聞、雑誌を入手しようとしたが、法外の高値で入手されたものもあった。その多くは英国から来る飛行機乗務員が持ち込んだ。

記者は直接東京の自社にスウェーデンの商業電報を使って報告した。スウェーデンと日本のニュース交換協定で手ごろな料金で送信ができた。小野寺はこうした便宜を使い、同盟通信に頼み、非秘密情報を送って、外交ルートでの遅滞を避けていた。

一九四二年末まで公使館参事官（香田丈太郎）が記者係であったが、新公使の岡本が着任すると、岡本自身が記者係となる。四四年冬に記者会見が公使館で開かれたとき、公使、参事官、武官などが出席した。その目的はジャーナリストから価値ある戦況の情報を得るためであったが、記者からはなんら情報を得られず失敗した。

小野寺はジャーナリストを何度か利用しようとしたが、失敗したという。自分の秘密の暗号を使って交信してもよいと誘ったが、彼らは決して利用しようとしなかった。一九四四年に連合国側の新しいインテリジェンス・ソースを求めようと彼らに外国人記者への仲介依頼を慎重に検討したが、彼らはそのような仕事への積極性も分別もないことが分かったので断念した。

以下のジャーナリストの人名が挙げられている。

①同盟――斉藤正躬《まさみ》、佐々木凛一

同盟は小野寺事務所と実際に関係のあった唯一の通信社であった(7)。小野寺はビジネス、技術、軍事分析で秘密性のない情報を同社便で送信。ときに非合法のソースからのものも混ぜる。斉藤は中国、ベルリン、リスボンにいたことがあり、武官事務所へよく来て、戦争を論じたが、スタッフでもなんでもなかった。小野寺が与えるものよりも斉藤から受け取る情報のほうが多かった。佐々木は斉藤を補佐していた。

②読売新聞――嬉野満洲雄、喜多村浩、マキ

嬉野はよく活動する知的な記者で、ときどきおもしろい記事を書く。喜多村は軍事情報収集で小野寺に協力を申し出たが、小野寺は拒否した。日本から送金がなくなったので、彼に小額貸与した。マキは喜多村の助手であった。

③朝日新聞——渡辺紳一郎
小野寺とはほんの社交上のつきあい。『タイム』から得た情報を送ったため、公使館と悶着を起こす。

④東京日日新聞——向後英一、加藤ミネオ、榎本桃太郎
向後はなまけものの記者であった。

ストックホルムの通信手段

東京の本部や他の欧州の武官室との通信には、小野寺は普通郵便、クーリエ（外交電書使）、無線、秘密電信を使う。

一九四一年六月二十二日の独ソ開戦までは、東京との通信には月一回の公的なクーリエを使った。小野寺によれば、ストックホルムの事務所はヘルシンキとベルリンへのみクーリエを派遣した。参戦国や被占領国では配給や欠乏の食品、物資をストックホルムに買出しにきていた。

戦時中ブダペストにあった欧州唯一の日本軍のラジオ局はほとんど機能していなかった。一九四一年六月以前、時事ニュースはモスクワの武官の事務所に送られ、日ソ無線協定で比較的安価にソ連の会社を使って別のところに転送できた。その後は同じような協定がドイツと結ばれたので、ベルリンから転送された。緊急便はストックホルムから直接発信された。新聞ニュースもスウェーデンと日本の通信社との相互交換協定で直送された。

小野寺は他の欧州中立国の仲間が無線電信機をもっていたかどうかは知らない。彼自身には東京

の参謀本部が提供してくれなかった。しかししばらくして二台を所有するようになったが、自身では使えなかった。秘密の無線交信はフィンランドの諜報機関、ポーランド人のリビコフスキー、エストニア人のマーシングを通じた間接的なものが大部分であった。

インテリジェンス入手と防諜の方法

小野寺、小野打ともに前任地でつくったネットワークを基盤に、ストックホルムとヘルシンキで業績を上げたが、小野打はその方法をあまり供述していないので、小野寺に代表させる。

インテリジェンス入手の方法にはスパイ活動、新聞や刊行物の分析という二つの方法があったが、小野寺は前者が専門で、そこから大きな収穫を得ていた。

①積極的インテリジェンス（スパイ活動）

個人よりも組織に依存。個人は組織に関係しないと情報を入手できない。しっかりした組織のみが、武官が欲する信頼できる情報を恒常的に提供できる。内外の指導的な諜報将校と信頼関係を築く。彼らの協力の可能性を吟味し、それを得る計画を練る。

最初の接近は金よりも協調や友情に基づく。最良のソースは多年の知己であった。信頼関係をつなぎとめるには、先方が困難な時期に家族へのサービスや保護を与えることである。若いハンガリー科学者への教育援助によって日本への忠誠を勝ち得た例がある。

（イ）エストニア人――小野寺は一九三六年から三八年でのリガの武官時代、エストニアの参謀将校と友情を築いた。当時彼らの普通の工作に多大の資金援助をした。同じ将校たちがドイツで金に困ったとき、ストックホルムから家族を支えた。彼らは他の軍役に就いているときでも、戦時中ずっと小野寺に情報を送ってくれた。ドイツの状況がさらに悪化したとき、ほとんどがストックホルムへ来て彼と働きたいと申し出た。

（ロ）フィンランド人――戦争初期、フィンランド人との協調は友情と情報の交換によっていた。同国の敗北後、彼は当時彼らができることや将来彼らをつなぎとめられることを期待し、多額の資金を与えた。

（ハ）ポーランド人――この実り多い関係は、他の日本の将校たちが以前から準備していたものである。小野寺自身の仕事はすべてリビコフスキーという人物への友情と保護に依拠している。

（ニ）ドイツ人――ともに戦う二つの同盟国との友情と必要な協調が基本線。

（ホ）ハンガリー人――彼らから得た限定された情報は武官との公的な交換のなかで得られた。

（ヘ）スウェーデン人――公的な交換はある程度、私的な友情で促進された。

②防諜とセキュリティ

日本のストックホルム公使館は共同のセキュリティ・システムを持っていなかった。公使館はこの点でずぼらで、一九四四年夏まで夜警さえいなかった。小野寺は自分でこの問題を解決した。彼は自分の事務所が侵入されていたとは思わない。

フィンランド人との接触は彼の暗号の最善の防御方法であった。ブダペストにあった日本語の暗号解読局も役に立った。そこの林武官は、かつてストックホルム公使館へその暗号が英国によって破られたと警告してきた。しかし岡本公使によるその後の試験はこの警告と矛盾していた。

小野寺の防諜情報ソースは主としてマーシング大佐〔後出〕であった。彼は全ての新しいソースや工作員を請け負ってくれた。マーシングはハンス・ワグナーの組織、ロシアの新聞局、英国の旅券局に工作員を持っていた。彼らを通じて日本に対する連合国やロシアの行動を予想し、知ることができた。小野寺は彼らを直接には知らない。さらにマーシングは、スウェーデン警察への接触から、その方面からの危険を小野寺に知らせた。マーシングへのチェックは、エストニア参謀部の彼の以前の多くの同僚との親交を通じてなしえた。

ベルリンでドイツ防諜機関と共同行動していた樋口〔季一郎〕は小野寺の教え子で、満洲国の外交部と同様に、ドイツの行動や意図を彼に教えてくれた。

③ 潜入工作員

彼らはフィンランド人とエストニア人の組織を使ってロシアへ潜入した。リガ駐在時から工作を開始していた。開戦後、連合軍への浸透を東京から指示されたが、上陸が成功したのは英国への一ミッションだけ。それも信頼性は疑問である。

二重スパイは利用しなかった。北欧のスパイには連合軍に通じたものが多く、彼らを注意深く扱ったが、自分だけの手足として使うことは避けた。

④ 欺瞞情報

東京から戦略情報を受け取らなかったので、欺瞞情報の流布は困難であった。日本人記者を使い、彼らのスウェーデン提携紙から情報を流すことを検討したことがあるが、適当な情報が見つからなかった。

マーシングはロシア公使館に向けて工作員を通じた偽の情報を流していたが、小野寺自身の関与はなし。連合軍、ドイツから偽情報を得た。たとえばドイツは日本を参戦させるため、ドイツの大島浩大使に英国上陸の欺瞞情報を流し、キャンペーンを行なう。同じ話をノルウェーのドイツ軍大佐からも聞かされた。

イギリスからは、ノルマンディ上陸、ソ連の日本攻撃、ソ連経由のアメリカ爆撃機の配置などの話もあったが、信憑性は薄かった。

接触とソース

①ポーランド人

背景 ポーランド軍と日本軍参謀本部との協力関係は、日露戦争に起源を持ち、常に共通の敵であるロシアに共通基盤を置いてきた。その関係は、ストックホルムの武官であった明石男爵とピウスキー将軍の二十世紀初期の欧州での関係から始まった。さらなる結びつきはポーランド人の戦争捕虜が日本で優遇されたことである。ポーランド人の帰還将校はクラブを作り、後に外交使節としてポーランドへ来た日本人将校を接待した。小野寺が言うには、日本人はポーランド滞在中、クラブのメンバーの家に泊まることが多かった（日本人はもともと捕虜を大事にするという伝統があり、第二次大戦で起きた事態には驚いている）。軍事面での両国の積極的な協力関係はピウスキーが首相になった先の大戦直後に強まった。山脇正隆と藤塚〔止戈夫〕少将はこの経過をよく知っているという。

一九三九年まで、日本の対ソ諜報活動の中心はいつもワルシャワの武官室に置かれた。日本の将校がポーランド参謀本部の暗号解読班にソ連暗号の研究に派遣される協定が存在した。小野寺の証言では、一九三〇年代では百武晴吉大将、オオクボ・ジュンジロウ大将、一九三五年から一九三六年では桜井ノボル大佐、深井栄一大佐以下の日本人将校がこの協定で派遣された。

新聞や文書の日本側の分析システムは戦争中にかなり進んだし、そのインテリジェンス目的への有効な利用もポーランド軍から学んだ。後にポーランドの武官となったコワロフスキー大佐はこのシステムの権威で、それを教える目的で日本を訪問したこともある。他の二、三のポーランド人将校がハルビンの関東軍諜報部員に同様な教育を行なった。交換に日本軍は極東で得たソ連の暗号傍受記録や他のインテリジェンスをポーランド軍に提供した。

この協力関係の結果、一九三九年にポーランドがドイツとソ連に占領され、ポーランドの参謀がロンドンに亡命したとき、ガノ大佐（ポーランド暗号班長）は上田大佐（ワルシャワの日本武官）〔一九四〇年に後方勤務要員養成所に移り、二代目所長となる。第一章参照〕に、日本側が対独ソのポーランドの諜報組織を接収するように提案してきた。これは表向きにはドイツとの同盟を理由に拒絶された。しかし欧州の日本やポーランドの将校は秘密裡に協力を続け、大陸に残ったポーランド人には日本や満洲国のパスポートが与えられ、大使館や公使館で雇われた。

この協調関係の可能性をできるだけ前進させようと、一九四〇年にガノ大佐はソ連に対する諜報活動のためにポーランドのインテリジェンス使節団を極東、つまり日本ないし関東軍司令部に送る協定を上田〔昌雄〕大佐と取り決めた。この使節団の大部分は東京のポーランド武官とともに一九四二年に欧州へ帰ったが、ルベトフ大佐と二人（一人はスコラという中尉）は極東にとどまる許可を申請し、受け入れられ、ひそかに日本軍とともにソ連への共同作戦を続けた。この要請は小野寺の事務所を通じてロンドンのポーランド本部に送られた。まもなくシコロフ大将は、ポーランドと日本が交戦状態にあったにもかかわらず、両国の長い協力の伝統に適うとしてそれに許可を与えた。小野寺が暗号解読に従事していると考えるスコラ中尉は満洲にいた、と小野寺は聞いている。

小野寺自身のポーランド人との協力関係は、リビコフスキーという元ポーランド参謀本部のインテリジェンス将校が軸となっていた。彼は三年半小野寺の事務所で働いていた。小野寺がストックホルムに着いたとき、彼は日本とポーランドの協力関係が確立され、機能していることを知った。一九四〇年、小野寺の前任者の西村〔敏雄〕大佐はリビコフスキー（以前のドイツ班長で、ガノの最良の補佐役の一人）に満洲国のパスポートと日本の武官事務所での秘密の職務を与える協定を結んだ。最初彼はリガの小野打の事務所にいた。後にこれがバルト諸国へのソ連侵攻で閉鎖されたとき、ストックホルムへ移動した。彼がスウェーデンに到着したとき、そこで働くギルビッチとコナールという二人のポーランド人がいた。彼らはコペンハーゲンのスパイ・グループを管理していた。そこに三人が留まって、独ソへの工作を行なう予定になっていた。しかしギルビッチは彼の工作員の一人がスウェーデン当局によってゴーテベルグで逮捕されたため、危うくなった。そこでギルビッチは活動の停止を余儀なくされ、一九四一年に英国へ行くことになって、リビコフスキーが唯一のポーランドの諜報員になった。さらに身分を隠す保証を得るために、リビコフスキーはフィンランドで警察に接触し、ピョートル・イワノフという名の偽のパスポートを得た。彼は以前から別名のミカロウスキーを使っていた。

小野寺は一九四四年春まできわめて個人的な関係でリビコフスキーと仕事をともにし、彼を〝主任〟と呼んでいた。リビコフスキーは小野寺の事務所で雇われていたが、自分のインテリジェンス活動は完全に独立させ、自分の工作の詳細は小野寺にも分からせないように慎重にしていた。彼の主要な目標はいつも独ソであった。彼は西欧側の情報を小野寺になにも与えなかったし、小野寺もなにも求めなかったという。

リビコフスキーは小野寺から給与を受け、ストックホルムの自分の事務所で働きながら、北東欧州全域やロシアにいる彼の工作員ネットワークからリポートを受け取り、それを日本のクーリエを通じてロンドンへ送っていた。このシステムで役割の一部を荷った日本の事務所は、ドイツ、バルト諸国、フィンランド、ポーランドにあった。戦争初期、ベルリンが最も活発な情報交換所であった。そこではもう一人のポーランドの諜報部員のヤコビック・クンセウィッチが日本のパスポートを与えられ、三浦武官や石田と公使館で働いていた。

ケーニヒスベルグでは日本人領事の杉原千畝の事務所が、リガ（ラトビア）、その後はヘルシンキの小野打の事務所がそれぞれ使われた。

リビコフスキーに報告するポーランド人のネットワークはビヤウィストク（ポーランド）とミン

図3　ドイツ陸軍大将ニコラウと小野寺（1942年12月）（Museum Vest, section Fjell festning 所蔵）

図4　アメリカ情報機関の小野寺信情報

A　ONODERA, General Makoto　　Japanese Military Attache in Stockholm. Recently returned from an Axis conference in Berlin. (Refer Major Tetsuya SATO.)

B　ONODERA, Makoto (Colonel, IJA)
Stockholm Sweden

Subject was born in February 1897 in Iwate Prefecture, Japan, and was commissioned a 2nd Lt. in the Infantry in December 1919. He was appointed Lt. Col. in Nov. 1937; a Colonel in August 1939 and in November 1940 was attached to the Army Section, Imperial Headquarters, and appointed Military Attache to Sweden. Passing through the United States in January 1941 enroute to Stockholm. As of December 1942 subject was reported to be in Stockholm.

第二次大戦期の滞欧アメリカ情報機関は各国の大使、武官などの一覧資料を作成していた。AはJapanese in Europe, OSS X2,1944.6 に、BはJapanese Intelligence Available in Germany, Supreme Headquarters Allied Expeditionary Force Office of Assistant Chief of Staff,G2,1944.9に出たもの（山本武利編『第2次世界大戦期　日本の諜報機関分析』第7巻 欧州編、柏書房、2000年）

スク、スモレンスク（ソ連）にあり、前者は長い間、ソ連へのポーランドのインテリジェンス活動のセンターになっていた。後者はワルシャワの満洲国総領事の保護下にあったが、一九四二年初めまでに日本公使館が閉鎖となっても開いていた。ケーニヒスベルグの杉原の事務所[8]は、リトアニアのカウナスのポーランド抵抗運動のメンバーと接触する工作員の本部になっていた。

リビコフスキーはフィンランドに二つのソースを持っていた。ザバはヘルシンキのポーランド公使館で働く新聞記者であったが、ソ連の工作員から情報を得ていた。もう一人のポーホーネンはフィンランドのインテリジェンス機関にいた。エストニアのナルバには二人のポーランド人の工作員がいた。また東方ロシアのウラルや南方ロシアのコーカサスには集団がいた。リビコフスキーはストックホルムからこの集団にコミュニケーション手段を確立できなかったので、工作員の名前のリストをのせた組織説明書が東京へ送られた。小野寺はこの情報が東京で使われたかどうかは知らないが、その集団との関係はペルシャやトルコの日本人武官がつけたと思っている。そして今村大将（アンカラ）が当時その関係づけの責任者であったという。

一九四一年八月、シコロフスキー将軍のロンドン政府が最初にモスクワに公的な使節を送ったとき、一人のポーランドのインテリジェンス将校が彼らに加わった。彼は小野寺がロンドンに行った際、ポーランドのクーリエを使ってロンドンへ情報を送ってきた。このソースは一九四二年まですばらしい情報を届けてくれたが、それ以降はポーランドの暗号をソ連が解読したことで不可能となった。

②フィンランド人とバルト人

フィンランド人　〔日本とフィンランドとの歴史的背景、小野打の供述はここでは省略する。また広瀬の供述した暗号面での両国の関係は宮杉論文[9]を参照されたい〕

小野寺がリガ武官（一九三五〜一九三八）のとき、フィンランドの参謀と接触があって、パソーネンやハラーマと知り合った。しかし小野寺は小野打がいたので、彼をさしおいて直接フィンランド人と接触することはなかった。ストックホルムのフィンランド海軍将校を通じ、上の二人と連絡した。

バルト人　小野寺はリガ武官時代の一九三八年、エストニア軍にペイウス湖の高速船購入代金一万六千マルクを提供したが、それはソ連往復の工作促進のためであった。最も親しいエストニアの協力者のエリスチアン中佐がロシア内（レニングラード、モスクワ、ボルガ、東シベリア）にいるエストニア人にスパイ・ネットワークの構築をしていた。それはマーシングに引き継がれる。戦中にエストニア、ラトビアの参謀部が解体したため、小野寺の知己はスウェーデン、フィンランド、ドイツなどに分散。小野寺は彼らの家族に資金、物資の援助をした。この方法で他の武官などよりも有益な情報を得る。

小野寺の最も緊密で最良の協力者はマーシング大佐であった。彼はミンスク陸軍学校出身でツァーの軍隊の元将校。第一次大戦で大尉。小野寺のリガ時代はエストニアの諜報部主任。ソ連からの侵略直前にストックホルムのエストニア武官。ソ連へのエストニアのスパイを指揮。一九四一年ドイツに参加。エストニア前線でアプヴェール〔ドイツ陸軍情報部〕のために働く。その間ずっと小野打と日本のクーリエを使い、小野寺に連絡。四二年小野寺の指示でドイツ、フィンランドとの関係を絶ち、文民としてストックホルムに帰ったが、実際は小野寺の主要な独立した協力者となる。

小野寺はマーシングが不在のとき、家族に毎月一〇〇〇から一五〇〇クローネの援助を行なう。マーシングはストックホルムからエストニア、ラトビア、レニングラード、モスクワの工作員に指示。彼らはほとんどエストニア人で、あらゆる階層にいたが、そのなかには共産党メンバーもいた。ソ連船乗組員もいた。アンチ・ドイツだが、ドイツ人にも多くのソースがいた。彼はスウェーデンやフィンランド軍の将校ともすばらしい関係を保ち、西側にも多数のソースを持っていた。

③ドイツ人
小野寺はドイツ軍を好かなかったし、戦争初期から協力しなかった。フィンランド人やエストニア人との接触を重視した。最良のドイツとの交流は個人的関係から生れた。アブヴェールのスカンジナビア代表部は防諜に力点を置いていたが、小野寺は防諜よりも積極的なインテリジェンス活動を重視していた。リビコフスキーとハンス・ワグナーとのもつれが相互の不信を招いた。

アブヴェールでストックホルムにいたカール・ハインツとは一九四四年から親しくなり、小野寺の価値ある情報源であった。週一回は会った(9)。

アブヴェールのストックホルム主任だったワグナーとは一九四一年から知り合った。ベルリンの本部から小野寺に渡すように指示された情報を届けてきた。しかし彼とはうまく行かなかった。彼は数回事務所に侵入しようとし、メードを買収しようとさえした。いずれも不成功に終わったが。

④ハンガリー人

小野寺の知るかぎり、ハンガリーと日本の参謀将校との間には公的な関係はなかった。ハンガリー市民や暗号解読の専門家などと部分的なつながりがある程度であった。小野寺も部分的・間接的なつながりしか持たなかった。

⑤スウェーデン人

他の日本人機関のだれよりも友人をもっている。公私を越えたつきあいが多かった。しかしインテリジェンスは、スウェーデンのソースからマーシングやクレーマーを通じて間接的に得た。

他の欧州武官室との関係

欧州にある日本のさまざまの武官室とは頻繁に交流した。一年一回の武官会議には出席したが、そこでは官位の高い将校が議長となった。各武官が過年度の活動や戦局の簡単な報告を行ない、そのまとめが東京に送られた。しかし成果は少なかったと小野寺は言う。

彼にとってベルリンの武官室がもっとも重要なソースであった。小松光彦武官は諜報よりも外交に専心していたが、彼の部下とくに最も活動的な小谷悦男大佐からソ連に関する質の高い情報を入手した。また西久《にしひさし》大佐からはドイツ参謀本部から得たドイツ軍の動きのリポートを入手した。さらにドイツの経済、兵器部門との連絡将校であった石崎大佐からはソ連の戦時生産や技術力の情報を得た。樋口ふかし大佐はアブヴェールやゲシュタポのリポートを送ってくれた。桜井信太大佐はドイツ暗号分析部隊との連絡将校であったが、小野寺がハラーマから得た情報を入手するために一度ストックホルムへ来た。彼らから得た情報と交換に、小野寺はソ連や連合国の軍事インテリジェンスだけでなくドイツ軍の二つの前線での動きを提供した。とくに後者はベルリンでは入手し難いものであったため、歓迎された。

ヘルシンキの小野打とはクーリエで月数回交流した。小野寺は自分独自のソースから得たソ連情報を、小野打はソ連やスカンジナビアの一般情報を送った。

表2　武官会議

年次	場所	議長
1941年	ベルリン	阪西一良
1942年	ベルリン	同
1943年	ローマ	小松光彦
1944年	ハンガリー	岡本清福

マドリードの桜井敬三大佐とは一九四三年のローマの会議で定期的な情報交換に合意した。桜井は公的なスペインのソースからの欧州や北アフリカの連合軍のリポートを送ってきた。小野寺はハンガリーやイタリアの工作員から得た情報を送った。

小野寺供述のソ連インテリジェンス

〔西側連合国、ソ連、ドイツなどの多様なインテリジェンス（概要、ソース、年月など）が項目別に供述書の巻末に掲載されている。ここではソ連関連の一部のみを訳出する〕

○ソ連の動員計画（一九四一）

○ソ連の訓練計画、〝スターリン・ライン〟の計画と詳細（一九四一）

○ソ連参謀のリポート
○モスクワ防衛のための貯蔵品の移動
○スターリングラード戦略的後退（一九四二）
○ドイツ攻勢へのソ連参謀の見積もり（一九四二）
○ドイツ降伏後に迫る対日宣戦布告
○極東への一〇師団の移動
○ソ連の技術、生産力、戦争遂行能力などの多様なリポート
○北欧でのソ連軍の展開、バルト海やフィンランド前線
○ソ連バルチック艦隊（一九四二）（一九四五）、ソ連海軍の活動
○ソ連飛行機、タンク、ロケット（一九四二）
○暗号資料、暗号解読成果
○東部戦線での刊行物分析
○バルカンでのソ連の活動
○フィンランド参謀第二部のソ連推測

2　ＳＳＵによる小野寺供述の評価とまとめ

ＳＳＵはこの供述書の冒頭の「序」で、次のように彼らのインテリジェンス活動を評価している。

①日本陸軍参謀本部は長年、ポーランド、フィンランド、エストニア、ラトビア軍参謀本部と密接に協力して、ソ連の破壊的なインテリジェンス活動を調べてきた。太平洋戦争開戦後、西欧連合国もその調査対象に含まれた。彼らの協力関係は訓練や教育面での参謀将校の相互交流、暗号解読などのインテリジェンス情報の交換、平時・戦時の破壊活動の共同資金援助や計画、スパイや破壊工作員の共同訓練や方向性などであった。

②こうした活動を主導した人物は欧州では日本軍の駐在武官であった。平時・戦時を問わず、彼らは外国において通常の外交的任務や一般に公認された軍事面での代表者としての仕事に責任を負うだけでなく、あらゆる種類の破壊的活動たとえばスパイや破壊工作員との直接的接触、無線通信手段の維持、ラジオ傍受や不法な商業工作を行なってきた。スウェーデン、フィンランド、ポーランド、バルト諸国において、彼らはこうした活動を行なう唯一の日本人であったし、インテリジェンス活動に限れば、海軍とか外務省は副次的な役割しか演じなかったことはたしかである。

③小野寺や小野打自身は、ソ連のインテリジェンスの専門家として長く訓練されてきた。小野寺は最初にスウェーデンに派遣されたとき、ソ連に関する能力しかなかった。しかし戦争が拡大するにつれ、彼のオフィスは次第に欧州の全前線を対象とした指令を出す最重要な日本の拠点となり、インテリジェンス活動で約二〇〇万円を自由に動かせるまでになった。彼の組織は前述の協力関係に基づいて顕著な成果をあげた。ポーランド軍参謀第二部の元ドイツ班長であったリビコフスキーは彼のオフィスで約三年半働いた。前のエストニア軍参謀本部第二部長で、ストックホルムで受け入れられた難民であったマーシングは、戦時中ずっと小野寺の主要な工作員であった。ハラーマ指

揮下のフィンランド暗号解読部門はスウェーデンに亡命したとき、小野寺に資金を求め、彼らの活動の成果を小野寺に提供した。さらに小野寺はスウェーデン軍参謀本部の「?」〔実名抹消〕なる人物を情報源として持っていたし、アブヴェールの最も成功した活動家といわれるカール・ハインツ・クレーマーと広範な諜報面での情報交換を行なっていた。

＊

供述書の訳者の評価

このように小野寺たちのインテリジェンス活動へのSSUの評価は高い。明石元二郎将軍の遺産は暗号協力体制の形で小野寺の時代にも影響を及ぼしていた。スウェーデン武官として明石の後輩であった彼は、明石に比べてはるかに少ない人員や資金量を長年の人的な交流で得た信頼感で補い、対ソ・インテリジェンス工作でポーランドやバルト三国の将校を中心とした弱者連合的な人脈を構築した。

小野寺は終戦翌年の一九四六年三月二十七日に帰還したが、そのまま米軍の手で久里浜から巣鴨刑務所に収監された。同年八月六日に釈放されるまでSSUによって、スウェーデン公使館付武官時代を中心とした諜報活動について念入りな取調べを受けた。SSUの前身であるOSS〔戦略諜報局〕は、戦時下に小野寺を北欧でのリーダーとして位置づけるだけでなく、ドイツ敗北後の戦争末期には欧州全体の日本諜報機関の実質的責任者と見てマークしていた。彼の足跡は戦中からかなりアメリカの諜報機関が追跡していたので、彼を追及する資料は比較的豊富であった。ＯＳＳでは、「小野寺信将軍は日本では高く評価される公使館武官である。日本軍参謀本部総長への有力候補といわれる。ドイツ崩壊後の全欧州を管理するポストに留まる」と評価し、さらに「小野寺指揮下の人員はここ半年で急増し、低く見積もっても五〇人の訓練された観察者や工作員がおり、そのなかには他の欧州諸国で重要な諜報ポストについていた人物がいる。無線機など広範な設備があり、数百万クローネという資金を持つ[11]」といった記述も残している。

アメリカは小野寺尋問の当初、日本のソ連暗号の解読成果を判定し、その成果が大きいということが確認されれば、戦後のアメリカの対ソ暗号戦略に継承することをねらっていた。フィンランド人と小野寺がロシア暗号の金銭取引を行なっているとのＯＮＩ（アメリカ海軍諜報部）資料が、ＯＳＳファイルにはすでに入っていたのだ[12]。だがフィンランドから受け継いだ日本の暗号成果物は、体系的解読にはほど遠く、まるごと吸収するほどのものでないとアメリカは判断した。それは彼に先だってなされた広瀬尋問の内容を裏付けた[13]。

すぐに小野寺尋問の次なる目標が設定された。それは彼が構築した対ソ・インテリジェンス工作のネットワークの把握である。先の注（11）のＯＳＳ資料で述べていた「ＯＳＳのＸ２は二重スパイを使ってストックホルムの日本インテリジェンス機関に浸透を図っている。二つのケースでは、これらの工作員はこの国への武官室むけに日本人によって仕込まれている。ＯＳＳはスウェーデン諜報部の協力で日本機関への多様な浸透法を編み出している。これらの成果を示すリポートはまだできていないが、重要なのはそのチャンネルが明らかになり、全ての小野寺のコミュニケーション・ルートが暴かれ、それらを我々が管理するようになることである」という点の解明に尋問の焦点が移ったのである。

準参謀本部ともいえるベルリン武官室に比べ、予算、人員がさほど恵まれていないストックホルムで、彼ほどインテリジェンス活動に力を入れ、成果をあげた武官は少なくとも欧州では見られないことにSSUは注目した。ベルリンの大島大使がヒットラーの口車に乗せられ、ドイツのソ連でなくイギリス攻撃を予告していたのに対し、小野寺はたしかにヒットラーのソ連攻撃を参謀本部に警告していた。独ソ戦の情報も確度が高かった。またベルリンから独立した活動をし、東京の本部にしか権威を認めない自立的な野心家であるという終戦前のOSS分析[14]も尋問を通じ確認した。

またこの注(14)の資料では、日本の諜報活動がドイツのそれと違う三点を冒頭に列挙している。

①日本人は欧州には集団的規模で居住していない。

②居住日本人のほとんど全てがなんらかの形でインテリジェンス活動に従事している。

③彼らの多くの活動が外交ないし公的なカバーをかけられている。

外交官、ジャーナリスト、ビジネスマンなどが武官とグルになってインテリジェンス活動を展開しているとの想定で、連合国機関は日本人を個別に監視していた。したがって欧州各地に住む日本人の人名録はOSSやONIの資料では数多く出ている[15]。ところが小野寺証言によると、彼はインテリジェンス活動では何ごとも岡本公使に隠している。さらに個人的に両者の仲は悪かったが、その根源は東京での陸軍と外務省の犬猿の関係にあった。海軍と陸軍間にもインテリジェンス活動でのセクショナリズムが目立った。さらにストックホルムの日本人ジャーナリストは同盟記者を除き、武官とはインテリジェンス面で全く接触がなかった。アメリカ諜報機関は彼ら記者を外交官、武官に次ぐ本国派遣の工作員と見なしたが、予想に反し、彼らは本国での記者クラブと同じように、小野寺のオフィスに取材目的で日参する相対的に自由なジャーナリストにすぎなかった。

連合国機関から見れば、駐在日本人は凝り固まり、均質的なインテリジェンス・コミュニティを形成しているとの外見にもかかわらず、日本インテリジェンス機関は小規模なのにセクショナリズムが強く、相互協力体制が欠如していた。そのなかで、小野寺がなかなかの健闘を示したことにアメリカは注目するようになったのだ。北欧の中立国の地政学的安全性が彼の活動を支えたことは確かであるが、彼はインテリジェンス面で秀れた資質を持っていることが判明した。しかし戦時下の参謀本部ではストックホルムの情報は無視されていた[16]ために、戦後東京に進駐したソ連のインテリジェンス将校には、小野寺らの活動の価値が分からなかったし、その存在さえ知られなかった。連合軍のなかでOSSの後身のSSU将校のみが、彼らを独占的に隔離し、じっくりと尋問できた。

小野打らに比べて比較的長期に拘留されていくうちに、小野寺はアメリカの尋問姿勢が戦犯追及よりもソ連との冷戦勝利のための情報吸収にあることが分かってきた。蛇の道はヘビだ。彼が接触した工作員、情報提供者の名簿とそのネットワークを引き継ぎたいというSSUの強い意向を小野寺はまもなく理解した。そして彼や日本軍の長年の宿敵であったソ連が、今やアメリカの敵に変わったことを把握した。彼は共通の敵となったソ連関係のインテリジェンスをアメリカ軍に対して惜しげもなく提供した。彼の記憶力がその協力姿勢を支えた。

小野寺はA級戦犯容疑者の大島浩公使に比べ地位は低かったが、戦争責任の追及を恐れる必要があった。また想像の域を出ないが、責任追及を免責された731部隊の石井中将のように、情報提供を取引材料にしてアメリカ側に戦犯免責を求めている可能性もある。

ともかく連合軍とくにアメリカ軍にとっての収穫は、彼の提供したソース（直接的な情報提供者）、サブソース（ソースの持つ間接的な情報源や仲間）の名前、国籍、得意領域などの豊富な情報である。二八ページ分つまりこの供述書の半分に記載された、小野寺を中心とした武官の人脈リスト入手が最大の成果である。アメリカはソ連との欧州での新たなインテリジェンス戦でこれをフル活用できるようになった。早速SSUや翌年SSUから発展して誕生したCIAの工作員が彼らへの調査や見込みある者へのアプローチを仕掛けたことは想像に難くない。この資料には「?・」と引用者が示した人名の抹消（一〇ページ分）のように、五〇の人名が随所で消されている（図5参照）。エストニア人を筆頭にスウェーデン人、ポーランド人、ドイツ人、つまり小野寺が関係した人物の彼との関係の濃淡の順にほぼ並んでいる。この資料は作成時から五五年たった二〇〇一年にCIAがしぶしぶ公開したSSU資料群に入っている。公開の際、抹消された者はアメリカとくにCIAの工作員あるいは情報提供者となって、冷戦下のアメリカの対ソ戦略に協力した者であると見るのが妥当であろう。けだしアメリカは、インテリジェンス活動で自国に協力した人名は情報公開法で公開禁止に指定している。

SECRET ~~CONTROL~~

Nationality of Source	Name of Source	Page Ref.	Subsource and/or Nationality	Nature of Intelligence Supplied	Target Country
o. Estonian (Cont.)	MAASING (Cont.)		Swedish: Army officers [ ] ["] [ ] Crypto section, state police [ ]	Unknown; probably various.	(general)
			[ ]	Military activity	USA Gr. Brit.
			Police	Advance notice of Swedish CE measures.	Sweden
			Indiv. unknown	Arnhem attack plans.	USA, Gr. Brit.
			French: GARNIER	Troop movements, OB	France; USA, Gr. Brit.
			"	Polit. & mil. developments	France
			American: CARLSON	Unknown, if any.	
			British: [ ] [ ]	" " "	
			Subsources in general	Troop movements, political, war potential.	USSR
			Unknown	Publications.	USA, Gr. Brit.
	MAASING (?)		Unknown	Atom bomb.	USA?
			"	V-weapons.	Germany
			"	Tank production.	USSR
	BELLE-GARDE	26	Abwehr; Swedish & Russian agents; Swedish Army; Estonian refugee group; CARLSON	Probably various.	esp. Germany
				Allied attack and occupation plans.	Western Allies
			..... (American consul)	Allied army for Far East.	"
			[ ] (British Import Contr. Off.); residence in England	Troop movements and OB.) Arrival of convoys in England.) Second front.)	USA, Gr. Brit.
				Internal and political.	France
				Internal conditions.	Germany
	JACOBSEN (via [ ] [ ])	25	Abwehr; CANARIS	Political	Germany

図5　CIAが公開の際に削除した小野寺のソース系列中のサブソースの名前・国籍

注

（1）ＳＳＵとはStrategic Services Unit（戦略諜報隊）の略号である。ＳＳＵは解散後のＯＳＳのインテリジェンス部門を一九四六年一月に引き継いだアメリカ陸軍省の組織で、一九四七年七月結成のＣＩＡの母体になる（山本武利『ブラック・プロパガンダ――謀略のラジオ』岩波書店、二〇〇二年、二〇～二三頁参照）。

（2）Japanese Wartime Intelligence Activities in Northern Europe RG263 Entry A1-87 Box 4. この入手経過については『産経新聞』二〇〇五年四月七日に掲載された。二〇〇六年十二月十六日の20世紀メディア研究所第三六回研究会で概要を報告した。

（3）SSU, ONODERA, Major General Makoto-Biographical Sketch, 1946.9.25,RG226 Entry173 Box10.

（4）小野寺百合子『バルト海のほとりにて――武官の妻の大東亜戦争』（共同通信社、二〇〇五年）は夫人の回想記である。

（5）伊集団参謀長「第二課関係駐滬機関改称等ノ件通牒」昭和一四年七月十三日、アジア歴史資料センターC04121223600。

（6）前掲『バルト海のほとりにて――武官の妻の大東亜戦争』には、フィンランドのソ連暗号書類の購入のため、東京の許可を得て三〇万円を支払ったとある（一八〇頁）。ただし当時の円とクローンの交換比率は分からない。

（7）『東京日日新聞』特派員向後英一の「ストックホルムの斉藤君」によれば、「同盟通信（共同通信社の前身）の性質上、われわれと違って公使館や陸海軍武官室の仕事をしなければならない――というよりも、それが主でした」という（追悼文集編集委員会編『追悼斉藤正巳』一九六八年、五六頁）。

（8）「対ソ情報収集は、執拗に継続することはいうまでもないが、杉原が育成している情報網を、一時的にせよ中断することは遺憾である。早くケーニッヒスベルグ総領事館を開設して、杉原の情報活動ができるように」という来栖ベルリン大使の一九四〇年十一月二日付けの指令が杉原事務所に来ていた（渡辺勝正『杉原千畝の悲劇』大正、二〇〇六年、一一頁参照）。
（9）宮杉浩泰「第二次大戦期日本の暗号解読における欧州各国との提携」「暗号解読をめぐるSSUへの広瀬栄一の供述」、ともに『Intelligence』第九号、二〇〇七年。
（10）クレーマーはONI, Japanese Intelligence Activities in Sweden, 1945. 8. 11, RG38 Oriental Box17で、小野寺とのインテリジェンス上での関係をONI関係者に詳述している。
（11）OSS/X-2; Counter-Espionage Operations against the Japanese in Europe, 1945. 7. 28, RG226 Entry214 Box7.
（12）ONI, Fino-Japanese Secret Intelligence Liaison in Sweden, 1945. 8. 13, RG226 Entry171A Box64.
（13）小野寺は巣鴨に入ってまもなく、彼よりも先に収容されていた広瀬栄一に偶然出会った際、「すべてばれていますよ、隠しても駄目です」と耳打ちされたという（前掲『バルト海のほとりにて——武官の妻の大東亜戦争』二四一頁）。
（14）OSS, Japanese Intelligence Activities in Scandinavia, 1945. 1. 30, RG263 Entry A1-87 Box4.
（15）山本武利『第二次世界大戦期日本の諜報機関分析　第七巻　欧州編1』柏書房、二〇〇〇年参照。
（16）北欧の日本での地位が低く、戦時中からその諜報は、彼が嘆いているように、参謀本部は軽視していた。現実に軍事史学会編『機密戦争日誌』（全二巻、錦正社、一九九八年）にも、小野寺、小野打の名前はともに一回しか出てこない。

あとがき

私は半世紀前に大学院に入った。四〇歳代半ばまでは、明治初期から昭和戦前期までの新聞史研究が中心であった。大学院を出て、講壇研究者の卵となった二三歳のときにまとめた『新聞と民衆』（紀伊國屋書店）の「あとがき」でこんなことを書いた。

新聞史をはじめとしたジャーナリズムの研究者は、講壇研究者グループと民間研究者グループに分けられるようである。前者は大学に在職し、その研究成果を学内外の定期刊行物に発表したり、講座物などに執筆する。後者は新聞社の社史編纂室に在職する者が多く、その研究成果は社史や新聞人伝記などに発表される。前者は歴史の法則性、客観性を求めるに急なあまり、みずから膨大な新聞や関係史料にどっぷりつかり、長時間かけてその史料を収集、整理する作業を怠ってきたきらいがある。研究史が浅く、研究者の少ないせいもあるが、史料収集を軽視したことは否めない。ある場合には、せいぜい安直な新聞編年史の類に接するくらいで、研究の裏づけになる史料の大部分は、後者が収集、蓄積したものに依拠している。外国直輸入の方法とか理論とかに好都合な史料のみを借用し、両者を接合させ、歴史の流れを鳥瞰的に把握したと称する。それでは歴史的研究をよそおった「理論」研究にすぎない。またある場合には、無断で史料を借用しながら、後者の研究には歴史の全体的な展望なり、理論がないなどと冷笑する。

講壇研究者としての自戒から、手垢のつかない資料を収集し、それにしたがった分析を行なうよう努めた。新聞史の関連で広告史と宣伝（プロパガンダ）の資料を同時並行的に収集していった。さらに四〇歳代後半になると、広告やそれを生み出す消費社会研究に関心を高め、日本、中国、韓国の近代化と消費者意識の比較研究を行ないたいとの意欲も高まった。

五〇歳代になり、GHQ／SCAPのマイクロフィッシュ資料にとりつかれ、検閲の実物や検閲統制資料を乱視となるまで見つめた。メリーランド大学のプランゲ文庫や国立国会図書館へよく行った。さらに五〇歳代後半からは第二次大戦期の日米のプロパガンダ、謀略研究に足を突っ込み、主としてアメリカ国立公文書館（NARA）のOSS、OWIの資料の収集、分析に力を入れた。ワシントン往復の飛行機でエコノミー症候群にかかりそうになった。一九九六年から安倍フェローッシップを得て二年間滞在したアメリカでは、膨大なコピーをとった。第二、三章の資料はそのとき集めたものである。

帰国後、二〇〇〇（平成一二）年度から私が代表者になった占領期雑誌記事情報データベース化プロジェクトが、文部科学省科学研究費（研究成果公開促進費）を受けるようになった。プランゲ文庫の現物を見て、三二〇万件近い記事から必要な資料を入手するには、瞬時に所在のわかるデータベースしかないと思った。この巨大な長期プロジェクトを完成し、広く研究者やリサーチャーに活用してもらうようにするためには、多くの方々の協力が不可欠であった。そこで恒常的な共同研究を行なう場を設定しようと思い立ち、20世紀メディア研究所と「20世紀メディア研究会」を二〇〇一年七月に立ち上げた。そして私が行なってきたようなテーマに関心をもつ内外の研究者に研究会への参加を呼びかけた。幸い、友人、知人ばかりでなく一面識もなかった方々が多数賛同して、研究を発表し、また活発な議論を交わし、貴重な情報交換を行なう場としてこの研究会を認めていただいた。その研究会も二〇一六年一月に一〇〇回を数えた。

また、私は二〇〇二年に20世紀メディア研究所を基盤とした研究誌の発刊を決意した。雑誌のタイトルは『Intelligence』と決めた。誌名に違和感を抱く人が少なくなかった。英語の「intelligence」に諜報や諜報機関の意味合いがあるからである。しかしインテリジェンス研究はコミュニケーション研究で欠落した領域であり、研究分野として市民権を得なければならないと思った。多くの英和辞典はもともと「intelligence」という言葉に知性、情報、知識、報道、通信という意味を付している。これらの語義は私の旧来のテーマそのものと重なる。ともかくこの『Intelligence』には毎号寄稿してきたが、そこから三本の原稿を本書に所収できた。

今まで発表してきた論文や著書を自己点検すれば、その貧しさに恥じ入るばかりである。ともかく今まで、私はその時々の自分内部から湧き上がる関心、興味にしたがって、世間の動向を意に介さず、研究テーマを設定し、資料を探し、その収集資料の範囲でなんらかの原稿を発表してきた。ある程度成果があったとすれば、愚鈍と思われるまでの資料探索の結果である。それと同時に資料重視の研究仲間と切磋琢磨といい意味での競合のおかげである。講壇研究者の学界から得るものは少なく、在野の研究仲間から新鮮な感覚を吸収した。十九世紀から二十世紀におけるメディアと情報の関係、インテリジェンス、プロパガンダと文化、政治、社会とを広く関連づける研究を行なってきた。

個人の力ではとても及びつかないことに挑戦してきたドン・キホーテであったかもしれない。そろそろ戦線を縮小し、終止符を打つべき時機との天の声が聞こえてきそうな歳になった。

残された時間でやるべきは資料の相互関連を把握したり、歴史の流れに位づけたり、メディア史、インテリジェンス史を理論化することであろう。

ともかく私はこの世の恥をできるだけ残さぬために、今まで発表した原稿を修正加筆することに決めた。発表時期や発表媒体はバラバラであるが、日本の対外インテリジェンス活動に関する原稿を新発掘資料と関連づけてまとめたものが本書である。三〇年前からお世話になっている新曜社編集部の渦岡謙一氏は私の意図を理解された。彼の助力をえてようやく刊行にこぎつけられた。なお多くの編集者の方々のおかげで各原稿は陽の目を見たが、ここではご芳名は省略させていただきたい。

山本武利

二〇一六年九月十九日

初出一覧

第一章　「陸軍中野学校の秘密戦教育――発見された創立期公文書」（『新潮45』十一月号、新潮社、二〇一五年）

第二章　『第二次世界大戦期　日本の諜報機関分析』第一巻「解説」（柏書房、二〇〇〇年）

第三章　「日本諜報機関の全貌――オーストラリア陸軍参謀本部の分析（一九四七）」（『第二次世界大戦期　日本の諜報機関分析』第一巻、柏書房、二〇〇〇年）

第四章　「「帝国」を担いだメディア」（『岩波講座「帝国」日本の学知』第四巻『メディアのなかの「帝国」』岩波書店、二〇〇六年）

第五章　「日本軍のメディア戦術・戦略――中国戦線を中心に」（『岩波講座「帝国」日本の学知』第四巻『メディアのなかの「帝国」』岩波書店、二〇〇六年）

第六章　「解説――『宣撫月報』の性格」（『十五年戦争極秘資料集　補巻25』不二出版、二〇〇六年）

第七章　「満洲における日本のラジオ戦略」（『Intelligence』第四号、20世紀メディア研究所、二〇〇四年）

第八章　「知られざるインテリジェンス機関としての７３１部隊」（『新潮45』三月号、新潮社、二〇一六年）

第九章　「第２次大戦期における北欧の日本陸軍武官室の対ソ・インテリジェンス活動――スウェーデン公使館付武官・小野寺信の供述書をめぐって」（『Intelligence』第九号、20世紀メディア研究所、二〇〇七年）

な　行

は　行

た 行

さ　行

事項索引

や 行

ら・わ 行

さ　行

た　行

人名索引

〔中国人の名前は便宜的に音読みで並べた
フルネームが不明の外国人も入れておいた〕

著者紹介

山本武利（やまもと たけとし）
1940年愛媛県生まれ。一橋大学商学部卒業後、同大学院社会学研究科で歴史学、社会心理学を学ぶ。早稲田大学名誉教授、一橋大学名誉教授。現在、「20世紀メディア情報データベース」を運営するNPO法人インテリジェンス研究所理事長。
著書：『近代日本の新聞読者層』『広告の社会史』『占領期メディア分析』（ともに法政大学出版局）、『新聞と民衆』（紀伊國屋書店）、『新聞記者の誕生』（新曜社）、『日本兵捕虜は何をしゃべったか』（文春新書）、『朝日新聞の中国侵略』（文藝春秋）、『ブラック・プロパガンダ――謀略のラジオ』『GHQの検閲・諜報・宣伝工作』（ともに岩波書店）など。

日本のインテリジェンス工作
陸軍中野学校、731部隊、小野寺信

初版第1刷発行　2016年11月1日

著　者　山本武利
発行者　塩浦　暲
発行所　株式会社　新曜社
〒101-0051　東京都千代田区神田神保町3-9
電話（03）3264-4973㈹・Fax（03）3239-2958
E-mail：info@shin-yo-sha.co.jp
URL：http://www.shin-yo-sha.co.jp/
印　刷　メデューム
製　本　イマヰ製本所

ISBN978-4-7885-1499-7　C1031